JN273234

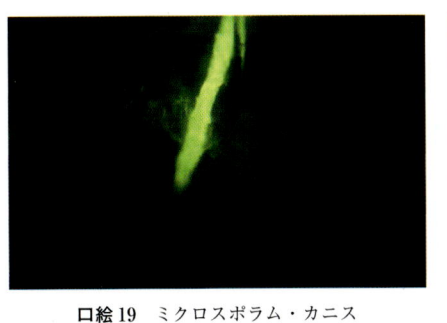

口絵19　ミクロスポラム・カニス
（*Microsporum canis*）
イヌ小胞子菌とも呼ばれ，イヌに皮膚糸状菌症を引き起こす．感染した菌は緑色の自家蛍光を発する．

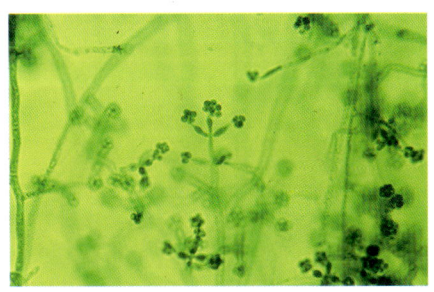

口絵20　トリコデルマ（*Trichoderma*）
俗称ツチアオカビ．土壌中に広く分布する．セルラーゼ活性が強く，きのこ栽培のおがくずを汚染する有害カビ．

口絵21　あんに発生したワレミア（*Wallemia*）
ワレミア（アズキイロカビ）は好稠性カビで，特に甘みの強い食品に発生する．

口絵22　革靴に発生したカビ
日常頻繁に使用するものより，箱やたんすなどの密閉環境でだいじに保管しているものの方がカビの被害を受けやすい．

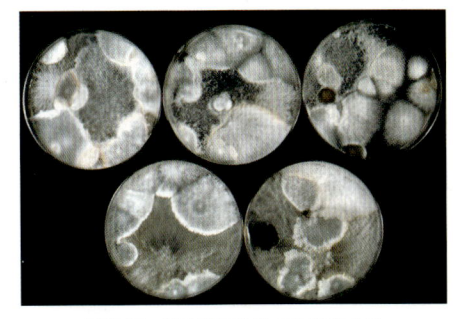

口絵23　梅雨時に発生する空中カビ
白色系菌糸状のカビは高湿となる季節になると空中に飛散する．

口絵24　蛍光色素染色によるカビの生死細胞判別（*Fusarium* の胞子）
性質の異なる2種の蛍光色素で染色することで，生細胞（緑）と死細胞（赤）の判別が可能である．

口絵1　アスペルギルス・フラブス
（*Aspergillus flavus*）
アスペルギルス（コウジカビ）の一種で，カビ毒アフラトキシンを産生する．

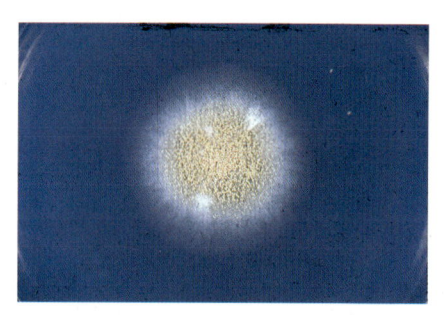

口絵2　アスペルギルス・オクラセウス
（*Aspergillus ochraceus*）
カビ毒オクラトキシンを産生する．

口絵3　アスペルギルス・ニガー
（*Aspergillus niger*）
クロコウジカビ（黒麹菌）とも呼ばれ，醸造（焼酎等）やクエン酸の生産などに利用される．

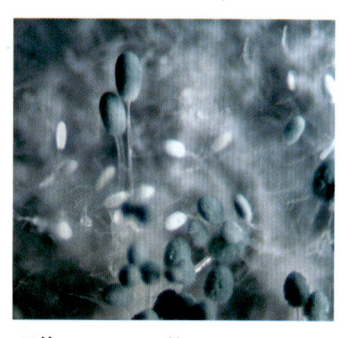

口絵4　アスペルギルス・クラバタス
（*Aspergillus clavatus*）
熱帯・亜熱帯に広く生息する．カビ毒のパツリンを産生する．

口絵5　アルタナリア（*Alternaria*）の胞子
俗称ススカビ．真菌性鼻炎の原因アレルゲンとなるほか，植物病害菌でもある．

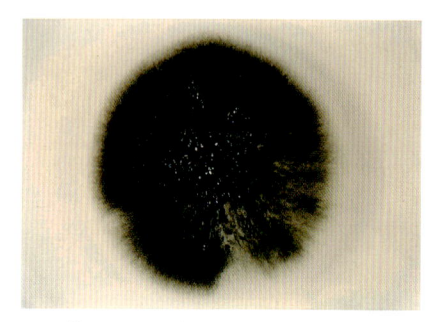

口絵6　アウレオバシジウム・プルランス
（*Aureobasidium pullulans*）
黒色酵母様菌とも呼ばれる．発酵食品製造の周辺環境でよくみられ，独特の発酵臭を出す．

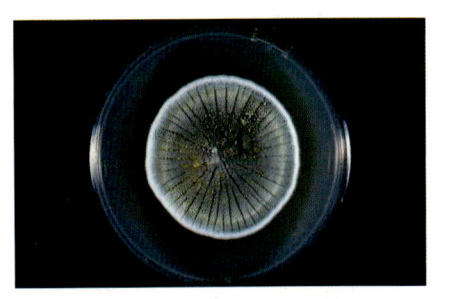

口絵7　ペニシリウム・クリソゲナム（*Penicillium chrysogenum*）
代表的なペニシリウム（アオカビ）の一種．

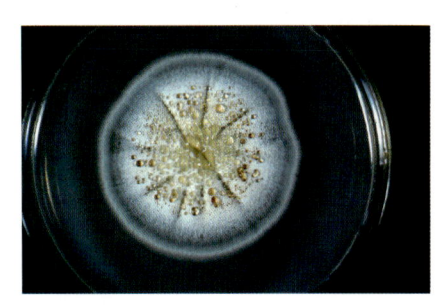

口絵8　ペニシリウム・シトリナム（*Penicillium citrinum*）
黄変米の原因菌として知られ，カビ毒シトリニンを産生する．

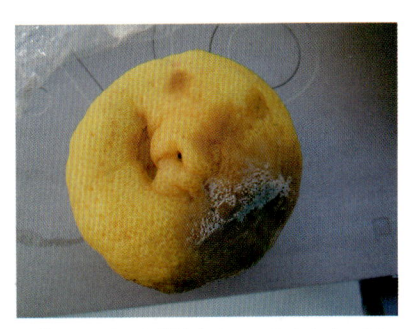

口絵9　ミカンに発生したペニシリウム・ジギタータム（*Penicillium digitatum*）
本種は柑橘類の主要な汚染カビの1つである．

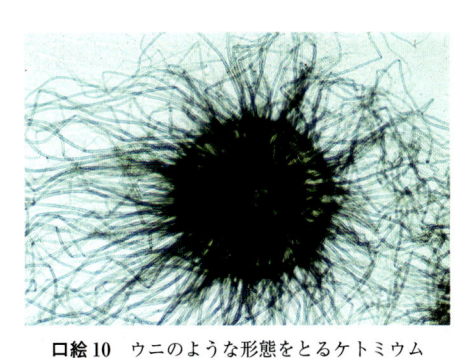

口絵10　ウニのような形態をとるケトミウム（*Chaetomium*）
俗称ケタマカビ．セルロース分解能が強く，紙や繊維製品を汚染し問題となることがある．

口絵11　ケーキ菓子に発生したクラドスポリウム（*Cladosporium*）
クラドスポリウム（クロカビ）は空中カビとして広く分布し，食品事故を起こすほか浴室，エアコン内など居住環境で普通にみられる．

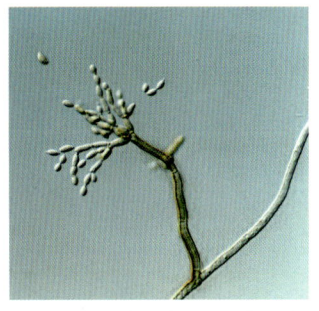

口絵12　クラドスポリウム・クラドスポリオイデス（*Cladosporium cladosporioides*）
わが国で多くみられるクロカビの一種で，空中に大量の胞子を飛散させる．

口絵13 フザリウム（*Fusarium*）の胞子
俗称アカカビ．植物病原菌およびカビ毒産生菌として重要なものを多く含む．

口絵14 ムギ赤カビ病
フザリウム（アカカビ）の被害を受けたムギはカビ毒で汚染されやすい．

口絵15 ユーロチウム・レペンス（*Eurotium repens*）
ユーロチウム（カワキコウジカビ）は好乾性カビで，乾燥食品やガラス等に生える．

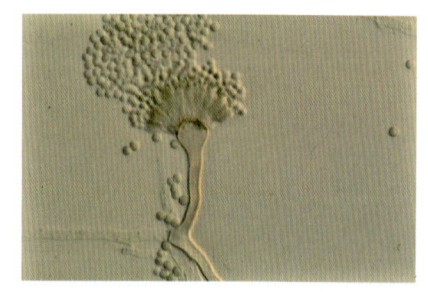

口絵16 エメリセラ（*Emericella*）
穀類・豆類・ナッツ類・香辛料など乾燥した食品原料から多く分離される．

口絵17 モナスカス（*Monascus*）
俗称ベニコウジカビ（紅麹菌）．中国の「紅酒」や沖縄の「豆腐よう」など，古くから発酵醸造に利用されてきた．

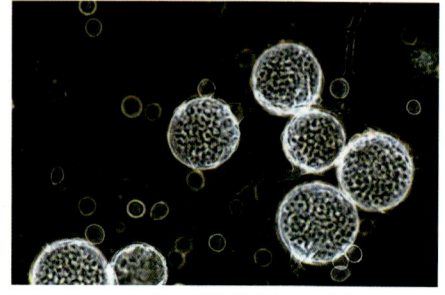

口絵18 球状の組織形成をするモナスカス（*Monascus*）
本菌は赤色色素のほか，近年ではコレステロール低下薬（ロバスタチン）の生産にも利用されている．

カビのはなし

ミクロな隣人のサイエンス

NPO法人 カビ相談センター [監修]

高鳥浩介・久米田裕子 [編集]

朝倉書店

編集者

高鳥　浩介	NPO法人 カビ相談センター
久米田裕子	大阪府立公衆衛生研究所 感染症部

執筆者 (50音順)

秋山　一男	元国立病院機構 相模原病院
大久保陽一郎	東邦大学 医学部 病院病理学講座
太田　利子	相模女子大学 栄養科学部
久米田裕子	大阪府立公衆衛生研究所 感染症部
小西　良子	麻布大学 生命・環境科学部
坂元　仁	大阪府立大学 21世紀科学研究機構 微生物制御研究センター
渋谷　和俊	東邦大学 医学部 病院病理学講座
高鳥　浩介	NPO法人 カビ相談センター
高橋　淳子	桐生大学 短期大学部 生活科学科
田中　真紀	NPO法人 カビ相談センター
土戸　哲明	大阪府立大学 21世紀科学研究機構 微生物制御研究センター
椿　和文	株式会社ADEKA 研究開発本部
村松芳多子	新潟県立大学 人間生活学部
森永　力	県立広島大学 生命環境学部
森山　康司	TOTO株式会社 総合研究所
渡辺麻衣子	国立医薬品食品衛生研究所 衛生微生物部

まえがき

　私たちの生活環境のなかには，生態系の欠くべからざる一員として多くのカビが普遍的に分布している．しかし，それは目で見えない限りほとんど気がつくことがなく，また意識することもない．カビを意識するのは目で見える状態になった場合である．つまりカビが姿を見せたときに限りなく意識するようになる．

　ところで，「カビ」とはいったいどのような生物なのであろうか．それを明確にわかりやすくまとめることを目指したのが本書である．

　生活環境のなかにカビがいた場合，読者の皆さんはどのようなことに目を向けるであろうか．私たちカビにかかわる人間が単純な疑問として常に思っていることである．その疑問をさらに視点を変えて各々の専門の立場から眺めたときに，どのようにみているのであろうか．たとえば，生産者・消費者・行政といった立場ごとに，カビに対する見方や思いは違ってくるだろう．この見方がカビ相談の題目となって現れる．

　カビについての具体的な相談例は本書の中で紹介するが，その一部をあげてみると，"食"では「製造環境でカビ発生が終息しない．何らかの手を打ちたいがどうしたらよいだろうか」「カビの生えた食品を間違って食べてしまったけれど胎児に影響ないだろうか」，"住"では「カビだらけの部屋で生活したら健康被害がないだろうか」「カビを除去したいが，どのような処理がよいだろうか」，"衣"では「タンスにしまっておいた衣類が変色してしまった．どうしたら落ちるだろうか」「商品にならないが後処理をどうしたらよいだろうか」，…等々，衣食住に関連して，健康上の問題がものや環境にかかわらず複雑に絡んでくる．カビによる健康被害って何があるんだろうか／中毒を起こすのではないだろうか／吸いこんだらアレルギーを起こしたり感染したりするのではないだろうか／…情報の氾濫から，市民が惑わされる事例は非常に多い．そのために，普遍的なカビであるにもかかわらず，それに対面した人は限りなく恐怖を煽られている．

　世の中には，カビにかかわる流言飛語が多い．たとえば，「食品についたカビはすべて毒を産生し，最後は肝臓がんになる」「カビを吸い込むと毒が全身に広がり免疫異常を起こす」「空中でカビは生えて感染する」…等々．これらの中に

は専門家の目からみると根拠がなかったり大げさに誇張されすぎていると思われるものも少なくない．

こうしたカビの悩みや，市民がどのように理解しているかをアンケート調査したことがある．その結果をみると，カビの知識や常識を正しく理解しないで生半可なまま思い込んでいるケースが非常に多いことがわかった．じつは，日本ほどカビによって大きな利益や害を受けている国は他に例をみない．にもかかわらず，カビを理解している人が少ない．それは何に起因しているのであろうか．カビをわかりやすく解説した書物がないこと，啓発する人が少ないこと，生活環境にみるカビ書物といえども，多くは専門書であることなどが考えられるだろう．

こうした悩みや相談を受けてきた経験から，一人ひとりに対応することも重要であるが，むしろ広く啓発する必要があると考え，カビ知識をわかりやすくまとめた書物を刊行することとした．ただし，内容はカビを正しく理解するための啓発書としてだけではなく，教養書としての位置づけもあり，専門的な知見を少なからず盛り込んである．読者層は，市民をはじめとして，業界，行政，検査機関，大学人など幅広く意識しており，執筆者は，それぞれ各分野の第一人者にお願いしている．本書からカビについて正確な情報を得て，生活環境で生かしていただければ幸いである．

末筆ながら，本書各所に魅力的なイラストを提供してくださった桑原麻衣子・後藤友美の両氏，および朝倉書店編集部諸氏に感謝の意を表したい．

2013年8月

高鳥浩介・久米田裕子

目　　次

第1章　生活環境にみるカビ………………………〔高鳥浩介・田中真紀〕…1
　1.1　微生物のなかのカビ…………………………………………………………1
　1.2　土壌からの飛散………………………………………………………………2
　1.3　ものへの付着・汚染…………………………………………………………3
　1.4　固体と液体でのカビの生え方………………………………………………3
　1.5　環境のカビ形態………………………………………………………………4
　1.6　カビの寿命……………………………………………………………………5
　1.7　身の回りにみる有益なカビ・有害なカビ…………………………………6

第2章　カビとは何か…………………………………………〔森永　力〕…9
　2.1　微生物としてのカビ…………………………………………………………9
　2.2　形…………………………………………………………………………………9
　2.3　生物的特徴……………………………………………………………………13
　2.4　生　態…………………………………………………………………………15
　2.5　発 生 条 件……………………………………………………………………16
　2.6　よく見るカビの紹介…………………………………………………………17

第3章　食のカビ……………………………………………〔久米田裕子〕…19
　3.1　食べ物にカビはいる…………………………………………………………19
　3.2　食品とカビの関係……………………………………………………………21
　3.3　食品に生えやすいカビ………………………………………………………21
　3.4　有害なカビ：カビ毒産生菌…………………………………………………31
　3.5　食のカビは有害か：食品苦情………………………………………………37
　3.6　やっかいな食品汚染カビ：耐熱性カビ……………………………………39

第4章　住のカビ………………………………………〔高鳥浩介・田中真紀〕…41
　4.1　室外と室内のカビ……………………………………………………………41

4.2	住環境のカビ分布……………………………………42
4.3	住環境に多いカビ……………………………………44
4.4	浴室とカビ……………………………………………46
4.5	結露とカビ……………………………………………47
4.6	季節とカビ……………………………………………47
4.7	空気中のカビ…………………………………………48
4.8	ダスト中のカビ………………………………………49
4.9	建物とカビ……………………………………………50
4.10	電化製品とカビ………………………………………51
4.11	ペットとカビ…………………………………………52
4.12	昔と今──カビの姿は変わったか──………………53

第5章 衣のカビ………………………〔村松芳多子〕…55

- 5.1 どのような衣類にカビが多いか……………………55
- 5.2 繊維の構造……………………………………………55
- 5.3 クリーニングしても安心してはいけない…………58
- 5.4 衣類にカビが生える仕組み…………………………59
- 5.5 汗,脂質とカビの発生………………………………60
- 5.6 衣類のカビ……………………………………………61

第6章 カビによる被害……………………………………64

- 6.1 ものや環境の害……………………〔高橋淳子〕…64
  - 6.1.1 食品の腐敗・変敗……………………………64
  - 6.1.2 食品のカビによる変色………………………65
  - 6.1.3 カビの臭気……………………………………66
- 6.2 健康への害……………………………………………75
  - 6.2.1 アレルギー…………………〔秋山一男〕…75
    - a. カビアレルギーとは………………………75
    - b. 喘 息………………………………………78
    - c. 鼻アレルギー………………………………81
    - d. アトピー性皮膚炎…………………………81
    - e. 過敏性肺炎…………………………………83

f．シックハウス症候群……………………………………83
　　　g．治療と予防……………………………………………84
　6.2.2　感染症………………………………〔大久保陽一郎・渋谷和俊〕…86
　　　a．感染の仕組み…………………………………………86
　　　b．日本にみる病原性真菌（ヒトの疾病を引き起こすカビ）…………87
　　　c．日和見感染ならびに深在性真菌症……………………………90
　　　d．輸入真菌症……………………………………………93
　　　e．治　療…………………………………………………95
　6.2.3　中　毒………………………………〔小西良子・渡辺麻衣子〕…98
　　　a．カビと中毒……………………………………………98
　　　b．急性毒性と慢性毒性……………………………………98
　　　c．カビ毒………………………………………………100
　　　d．日本のカビ毒問題……………………………………107
　　　e．規　制………………………………………………107

第7章　カビを防ぐ……………………………………………109
　7.1　カビを抑えること………………………〔土戸哲明・坂元　仁〕…109
　7.2　物理的な制御……………………………〔土戸哲明・坂元　仁〕…110
　　7.2.1　熱…………………………………………………110
　　7.2.2　乾　燥……………………………………………112
　　7.2.3　紫外線……………………………………………113
　　7.2.4　放射線……………………………………………114
　　7.2.5　その他の物理処理…………………………………115
　7.3　化学的な制御……………………………〔土戸哲明・坂元　仁〕…116
　　7.3.1　殺カビ剤，消毒剤…………………………………116
　　7.3.2　抗カビ剤…………………………………………118
　　7.3.3　抗真菌剤…………………………………………119
　　7.3.4　保存料……………………………………………119
　　7.3.5　光触媒……………………………………………120
　7.4　具体的なカビ対策………………………〔高鳥浩介・太田利子〕…123
　7.5　カビが発生した場合の対応…………………………〔高鳥浩介〕…125
　7.6　治療より予防の考え方………………………………〔高鳥浩介〕…126

第8章　有用なカビ……………………………………〔椿　和文〕… 129
8.1　カビを利用したβグルカンの利用 …………………………………… 129
8.2　発酵食品，健康食品（サプリメント）分野でのカビの利用 ……… 130
8.3　医薬品への利用 ………………………………………………………… 132
8.4　化学工業（ファインケミカルズ）分野での利用 …………………… 133
8.5　農業分野での利用 ……………………………………………………… 134
8.6　新しい研究例 …………………………………………………………… 135

第9章　カビとの共生……………………………〔高鳥浩介・森山康司〕… 137
9.1　カビの多い環境 ………………………………………………………… 137
9.2　カビのいない環境 ……………………………………………………… 139
9.3　潔癖症候群 ……………………………………………………………… 140
9.4　抗カビ商品 ……………………………………………………………… 140
9.5　カビとの共生が大切なわけ …………………………………………… 141

付録：カビの名称リスト ……………………………………………………… 145
索　　引 ………………………………………………………………………… 151

コラム目次

Column 1　「カビ」の語源 …………………………………………………………7
Column 2　カビの色 ………………………………………………………………8
Column 3　カビの専門用語 ……………………………………………………14
Column 4　レンズのカビ被害 …………………………………………………18
Column 5　昔と今―食べ物の変化とカビ― ………………………………40
Column 6　空中のカビはどのくらいいると危ないか ……………………54
Column 7　着るほど使うほどカビは生えない ……………………………63
Column 8　カビ臭 ………………………………………………………………75
Column 9　カビの生死細胞評価の解析 ……………………………………85
Column 10　日本の病原性カビ vs 世界の病原性カビ ……………………97
Column 11　カビにアルコールは効く？　効かない？ ………………… 122
Column 12　発生したカビの退治はたいへん …………………………… 128
Column 13　カビ相談 ………………………………………………………… 143
Column 14　（番外編）浴室のカビ退治―シャワーは50℃・5秒で！― 144

〔執筆：高鳥浩介〕

第1章
生活環境にみるカビ

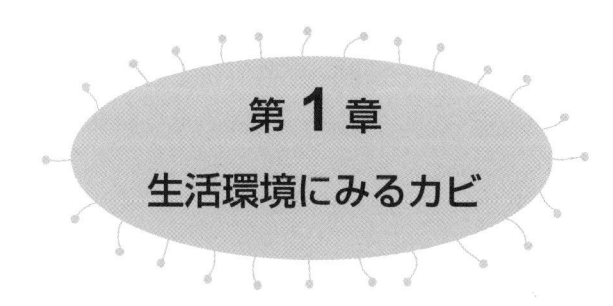

1.1 微生物のなかのカビ

　生活環境には無数の微生物が存在し，自然界のあらゆる物質と何らかの関係をもちながら生息している．さまざまな環境や人に直接あるいは間接的に何らかの影響を及ぼし，それが結果として人やものに対して有害であったり，有益であったりしている．

　肉眼できわめて見えにくい小さな生物を総称する微生物には，ウイルス，クラミジア，リケッチア，マイコプラズマ，細菌，放線菌，酵母，カビ，キノコ，原虫，藻類などが含まれる．これらの微生物は自然界でさまざまな形をとりながら生息している．

　これらの微生物は私たちの身のまわりに広く分布しているが，生活環境の微生物としてはおもに細菌，酵母，カビがある．

　細菌は単細胞で球形や桿形，大きさは0.5～1μm（マイクロメートル）ほどで

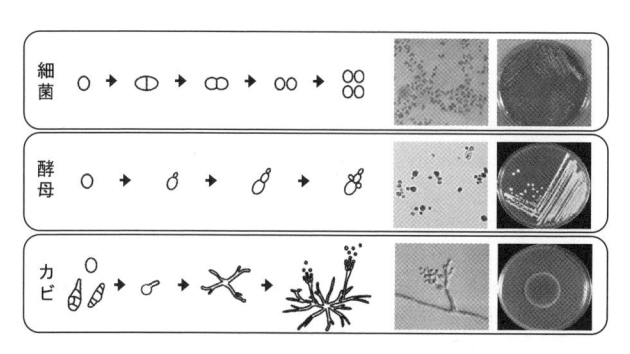

図1.1　細菌・酵母・カビの増え方

分裂増殖を行う．酵母は単細胞で球形，大きさ 3～6 μm で出芽増殖を行う．カビは単～多細胞で種類や生育ステージによりさまざまな形態をとるが，多くの胞子は 3～10 μm で，胞子から菌糸を発芽・伸長させて発育し，最終的には数 mm～数 cm の集落（コロニー）をつくる（図 1.1）.

本書ではこうした微生物のうち，生活環境全般にわたって益と害になりやすいカビに焦点をあてながらみていきたい．

1.2 土壌からの飛散

本来カビは土壌を起源とし，土壌を介して伝播し分布する（図 1.2）．土壌中では，胞子または菌糸の状態で生息し，土壌中のさまざまな生物と共存共栄しながら生き続ける．土壌でのカビをみると 1 g 中におよそ数十万以上のカビが分布しており，その種類も著しく多い．土壌には多くの養分が含まれ，適度な活性を維持しながら生き続け，土壌から空中，植物などを介して生活環境に入り込んでいく．

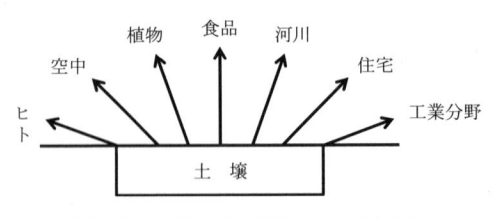

図 1.2 カビは土壌を起源として発生する

1.3 ものへの付着・汚染

飛散したカビは物理的に落下することにより床や壁面に付着する．付着するものは，繊維，プラスチック，木材，ガラス，金属などであり，表面が粗く帯電性が強いほど付着しやすい．また，カビ自体の細胞表面がものに付着しやすいような粗面であったり，多形態であることも多く，たとえばアスペルギルス（コウジカビ，*Aspergillus*）やアルタナリア（ススカビ，*Alternaria*）などでは細胞壁が隆起し凸凹状態となっているため，ものに付着しやすい形態になっている．

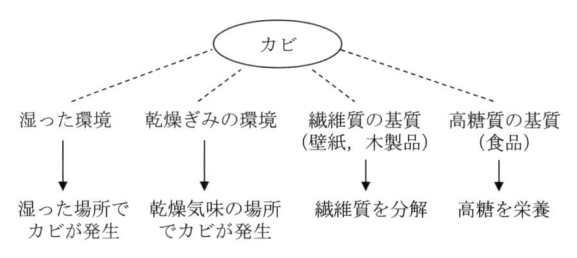

```
              カビ
    ┌────┬────┼────┬────┐
  湿った  乾燥ぎみの  繊維質の基質  高糖質の基質
  環境    環境      (壁紙，木製品)  (食品)
    ↓      ↓         ↓          ↓
  湿った場所で 乾燥気味の場所  繊維質を分解  高糖を栄養
  カビが発生  でカビが発生
```

図 1.3 カビの汚染しやすい環境や基質

　付着したカビはそのまま長いことその場に居座ることになるが，カビにとって都合の良い条件がそろうと発芽し，菌糸を伸長させ，汚染へと進む．湿っぽい場所でのカビ汚染はよく目にするが，比較的乾燥気味の場所でのカビ汚染や思いもよらぬ場所やものでのカビ汚染もみられ，環境や物質の状態により汚染するカビの種類は異なる（図 1.3）．

　「付着」は単にカビがそこにいるだけであるが，「汚染」はカビが発育した結果であり，汚染は「害」へとつながっていく．

1.4　固体と液体でのカビの生え方

　胞子や菌糸の落ちた場所が固体または液体であった場合，カビはいったいどのように発育するのであろうか．

　固体ではものの表面で発芽し，食い込み，菌糸をのばし，最終的にはものの表面で胞子を産生するようになる（図 1.4）．胞子はカビ固有の色をもっており，発育したカビの種類によってさまざまな色を呈す．胞子は非常に飛散しやすく，二次汚染しやすい．そのため，胞子を産生する固体でのカビ発育は環境や人での直接的な被害がみられやすい．

　一方，液体では，液体中で発芽するものの，菌糸形成のみのことが多く，胞子を産生することはほとんどない．そのため液体でのカビは糸屑状や綿状であり，色は白色系が多い（図 1.4 下段右参照）．液体中にあるため人への被害は飲み込まない限り起こる可能性は低い．また液体中での広がりに限られることから，ものへの二次汚染は少ない．

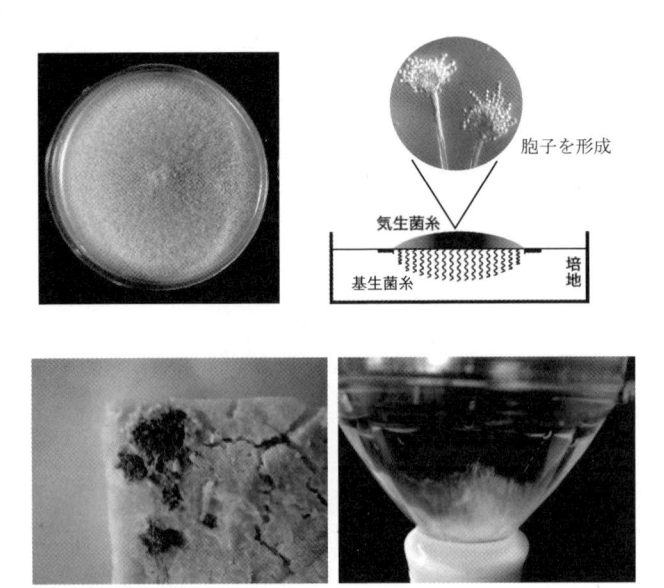

図1.4 カビの生え方

上段：寒天培地での発生例と発生の模式図.
下段左：固体上に発生した例（モチ）．色が濃く粉っぽく見えているのは多量の胞子の集合体である．胞子は少しの衝撃で簡単に飛散し，汚染を拡大していく．
下段右：液体中に発生した例（清涼飲料水）．下部にある綿状のものが菌糸である．液体中では胞子を産生することはほとんどなく，菌糸のみを伸長させていく．

1.5 環境のカビ形態

　生活環境でみるカビの形態は一定ではない．すなわち，カビの基本形は胞子と菌糸であるが，通常は胞子であることが多い．しかし，ときには胞子とも菌糸ともいえない多様な形態をとることがある．たとえば，図1.5にみられるように，特異な形で厚膜化し，細胞濃縮した集合体として塊状構造をとることもある．こうした多様なスタイルをとることがカビの怖さにつながってくる．
　こうした形態変化は種類に限らず，環境によっても大きく異なる．たとえば，梅雨時の蒸し暑い湿気の多いときは菌糸状で浮遊しやすい．ところが乾燥した環境では，比較的胞子形態をとることが多い．
　汚染して発育した場合は，さらに複雑である．たとえば，浴室や洗面所で発育し黒くなっているような場所では，菌糸は異常な形態をとる．

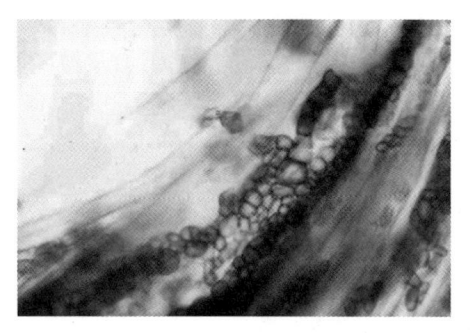

図1.5 木材に生えたカビ
粒状に見えるものがカビである．胞子が厚膜化し，塊状構造となっている．

ところで，こうした形態は長期にわたって維持され続けるであろうか．胞子の場合はかなり長くその形態が維持されるが，大きな細胞ほど萎縮し，死滅と同時に単なる残渣となる．また汚染した場合，経過とともにコロニーはプラトー（成長の最大限に達し停滞する状態）に達し以降は死滅へと進み，周辺にカビの代謝物で変色した姿を残し，やがてカビの形態が不明確となる．細胞がカビ自体のもつ酵素の作用などで溶解（自己消化）する現象も起こる．

1.6 カビの寿命

　胞子と菌糸は，生活環境中でどの程度生き続けることができるのであろうか．これに対し正確な回答を示すことは難しい．
　一般に好湿性カビは湿ったところでは長期にわたり生残するが，乾燥しているところでは数週間～数ヶ月で死滅しやすい傾向がある．汚染性の強いクラドスポリウム（クロカビ，*Cladosporium*）は，乾燥に弱く数ヶ月～1年程度で死滅しやすい．
　耐乾性カビでは，生残期間は多少長くなり数ヶ月～数年になる．コウジカビやペニシリウム（アオカビ，*Penicillium*）がその仲間であり，アスペルギルス・ニガー（クロコウジカビ，*Aspergillus niger*）は5年生残するともいわれている．
　また好乾性カビはその名のとおり乾燥を好むカビであり，生残期間は長く，多くは数年活性を維持する．ユーロチウム（カワキコウジカビ，*Eurotium*）はダストなどに多いカビであるが，掃除機にたまった乾燥したダストやタンスなどの

裏側に残ったダストから検出される頻度が高いのはこうした理由が考えられる．

　生活環境には多数のカビが分布しているが，カビの寿命を考えると生残している細胞だけでなくかなり死滅した細胞も多いだろう．

1.7　身の回りにみる有益なカビ・有害なカビ

　酒や味噌，醤油は発酵を利用して作られ，この発酵を起こすために用いられる微生物が，アスペルギルスや酵母である．またかつお節コウジカビはかつお節の香りづけに用いられる有用なカビである．さらにカビを利用した食品にはチーズ，サラミソーセージなどがあり，カマンベールチーズやロックフォールチーズはよく知られている．

　けがをした場合に用いられる抗生物質のほとんどはカビを含めた微生物によって産生され，その代表としてペニシリンがある．ペニシリンは1928年，イギリスのフレミング（A. Fleming, 1881-1955）が実験中にペニシリウムが細菌を抑える現象を見いだし，偶然発見された物質である．この抗生物質のおかげで多くの人命を救ったことを考えると，カビの有用さというものを十分理解していただけるのではないだろうか．

　今はペニシリンに代わる抗生物質が治療に使われるようになってきた．水虫などの治療に用いられるグリセオフルビンもペニシリウムによって産生される．他に有用なカビと有用面を簡単に取り上げると，アスペルギルス・ニガーによるクエン酸，グルコン酸といった有機酸発酵，フザリウムの仲間による植物ホルモン

表1.1　カビの有益性と有害性

有益性	有機酸発酵	有機酸，アミノ酸など
	発酵食品	酒，味噌，醤油，みりん，かつお節，チーズなど
	酵素	アミラーゼ，タカジアスターゼ，プロテアーゼ，リパーゼ，レニンなど
	医薬品	抗生物質，抗真菌剤，ビタミン，ホルモンなど
	その他	アルコール工業，色素，微生物農薬，バイオアッセイなど
有害性	もの・環境被害	腐敗・変敗　飲料，穀類，畜産物など
		劣化　建築材料，繊維製品，家庭用品，化粧品など
		臭気　住宅，衣類，食品など
		変色　住宅，衣類，食品など
		植物病原性　野菜，果実，樹木など
	健康被害	真菌症（カビや酵母が原因となる病気）
		アレルギー（喘息，鼻炎，アトピーなど）
		中毒（カビおよびカビ毒）

のジベレリン産生，アスペルギルスによるタカジアスターゼ，プロテアーゼといった酵素などの産生が知られている．

　以上のように有益なカビがたくさん存在する一方，我々の生活環境中には有害なカビも多く存在している．それらのカビをよく観察すると，住居を汚染するカビ，食品を汚染するカビ，人や動物に危害を及ぼすカビといった具合に微妙に異なる．

　本書の中では，カビの有害性をさまざまな角度から視点を変え，それぞれの専門家がまとめているので，ここではあえて詳細に述べることはしない．以下を読み進めることで理解いただけるものと思う． 　　　　　　　（高鳥浩介・田中真紀）

Column 1　「カビ」の語源

　「カビ」は，菌類の中でキノコを形成せず，おもに菌糸をのばしながら発育していく菌群の総称で，「糸状菌」(filamentous fungi)とおおむね同義語である．

　「カビ」の語源には諸説ある．食べ物の発酵現象である「醸す（かもす）」がカム→カブ→カビ，と転訛したことに由来するという説は，古き時代より私たち日本人が食物の発酵という自然の恩恵を享受していたことをうかがわせる．また一方では，古事記にある「葦牙の如く萌え騰るものに因りて」の"牙"を葦など植物の芽を意味するとし，牙＝カビとする説もある．

　生活の中でよく出会うカビには，単に総称のカビとしてだけでなく，それぞれに和名・俗名がつけられてきた．クロカビ，アオカビ，アカカビ，ススカビというように，色を表現しているケースが多い．"親しみ"というと語弊があるかもしれないが，多湿なこの国に暮らす私たちの祖先は，昔から日々の生活に密着した近しい存在としてカビをとらえ，その性質をよく理解していたのだろう．

　カビは漢字で「黴」と書き，音読みでバイと読む．「梅雨」はもともと「黴雨」で，初夏の長雨の季節がカビの季節でもあることを表したものだという．入梅（梅雨の始まり），出梅（梅雨の終わり）のような用語も，「入黴」「出黴」とした方がより生活感があるように思う．

Column 2　カビの色

　カビは「色」で名前がつけられていることが多い．これは生えたときにカラフルであることの証明である．よく見聞きする"色のカビ"の中には，私たちの生活に役立っているものもある．以下でいくつか紹介しよう．

- **アオカビ（青）**：抗生物質の多くはカビの仲間から得られており，ペニシリンを作る"アオカビ"（ペニシリウム）はまさにその代表である．
- **シロカビ（白）**：カビで色がついた食品は嫌われやすいので，発酵食品製造に用いられるカビは品種改良等によって無色（白色）にされるケースも多い．焼酎醸造に用いられるコウジカビ（アスペルギルス）はもともと黒い胞子を作る「黒麹」であったが，「白麹」に改良された（近年ではまた「黒麹」が復活している）．また，カマンベールチーズの表面を覆うカビはじつはブルーチーズに生えているのと同じ"アオカビ"の一種であるが，白色であるため一般に"白カビ"と呼ばれている．
- **キカビ（黄）**：日本人になくてはならぬかつお節は，黄色いカビ（かつお節コウジカビ）から作られる．鹿児島県や四国の伝統的な産地では，今もこのカビだらけのむろでかつお節を熟成させている．
- **ハイイロカビ（灰色）**：甘く芳醇な香りをもつデザートワインの王様「貴腐ワイン」は，ブドウの果皮に灰色のカビ（ボトリチス・シネレア，灰色カビ病菌）が発生することで得られる．これはそう簡単に作れるものではなく，数年に一度，特定の場所で，気象等の条件がぴったり適合したときしかできないという．「貴腐」，すなわちきらびやかに腐った，とはよくいったものであるが，これを人工的に再現し，産業応用することはまだ私たちには難しい．自然と人類のコラボレーションによってのみ生み出される，まさに貴い一杯である．
- **ベニコウジカビ（紅）**：沖縄の伝統食品「豆腐よう」に用いられる赤いカビである．また，日本酒の醸造に用いると赤色の酒となり，しばしば祝いの席で供される．中国では老酒（黄酒）醸造のほか，料理の着色料として昔から利用されてきた．現在では天然由来の着色料（モナスカシン）として食品等に広く用いられている．カビの「色」が積極的に利用されている珍しい例である．

第2章 カビとは何か

2.1 微生物としてのカビ

　顕微鏡がつくられるまでは，生物としては肉眼で判断できる動物と植物しか認識されていなかった．顕微鏡が登場して初めて，ミクロの世界の存在が明らかになった．現在では，カビ，酵母，バクテリア（細菌），微細藻類，原虫やウイルスなどが微生物の中に含まれている．微生物といっても，カビや酵母やバクテリアは顕微鏡を用いなくても確認することができる．それは集団で生育すると$200\,\mu$mを超え，肉眼でも見えるようになるからである．したがって，顕微鏡のない時代でもカビや酵母やバクテリアは植物に分類され，隠花植物の葉状植物門に置かれていた．葉状植物門は菌類と藻類に分類され，菌類はさらに分裂菌類（現在のバクテリア），変形菌類，真菌類に分類されていた．「カビ」，「酵母」，「きのこ」という言葉は，学問的な言葉ではなく，俗名あるいは一般名といわれ，一般の人が用いる言葉である．学問的には，真菌類はさらに藻菌類，子のう菌類，担子菌類そして不完全菌類に分けられている．藻菌類にはカビが，子のう菌類にはカビ，酵母，一部のきのこが，担子菌類にはきのこや酵母，そして一部のカビが，不完全菌類にはカビと酵母がそれぞれ含まれる．これらの分類用語やどのようなカビがそこに含まれるかは，次節で詳しく説明する．

2.2 形

　カビは，基本的には菌糸と呼ばれる器官でのびていく．菌糸は直径$3\sim5\,\mu$mの筒状構造をしている．そのところどころに部屋を仕切るための仕切り板が入っている．それを隔壁と呼び，隔壁の真ん中には水分や養分を運ぶために穴が開い

ている．穴の構造は，カビでは通常の穴であるが，きのこの菌糸の場合は，ドリポア構造といって他の仲間とは異なり，少し複雑な構造をしている．

　菌糸は栄養を求めてはびこっていくが，子孫も残さなければならないので，菌糸上のところどころに子供（胞子）をつくる器官をつくる．この器官からは，親と同じ核型の胞子しかできない．なぜなら，他のものと交わることなく，体細胞分裂によりつくられるからである．これでは，優秀なあるいは環境に適応した子孫を残すことはできない．遺伝学的研究が進むにつれて，カビにも性がある，すなわち有性生殖をすることがわかってきた．カビの場合，この交配型は動物のようにオス・メスとは呼ばず，A・a，＋－，a・α，あるいはAファクター・Bファクターという記号で表される．

　一般に生物としての分類はリンネ以来，有性生殖の仕方やそれが営まれる器官の形態的特徴を基準として分類が行われてきた．したがってカビも有性生殖の方法や器官の特徴に基づき分類されている．前節で示したように，真菌類であるカビは藻菌類，子のう菌類，担子菌類そして不完全菌類に分類されている．なお，不完全菌類に含まれる菌類は有性生殖をしないか，いまだ見いだされていないものである．実際に"不完全"であるかどうかはわからないので，中国語では片側の性しか知られていないという意味で，「半知菌類」という言葉が使われている．

　藻菌類には，水生の鞭毛菌綱と陸生の接合菌綱とがある．鞭毛菌綱のカビは水生なので，無性胞子が泳ぎ回って餌を確保しなければならない．そして，胞子が発芽して菌糸となり，水に浮かぶ葉っぱや木片上などにはびこる．交配型の異なる菌糸どうしが融合すると卵胞子という有性胞子をつくる．このグループはおもに無性胞子の鞭毛の付き方により分類されている．鞭毛菌綱の菌類としては，金魚のえらなどに付着して白くなっているミズカビなどが身近な菌である．一方，陸生の接合菌綱は有性生殖の結果，接合胞子と呼ばれる有性胞子を形成する．このグループの分類は，無性胞子を入れておく器官である胞子のうや胞子のうを支えている柄の形態，さらには柄の根元に付いている仮根と呼ばれる構造の有無などにより，行われている．接合菌綱の菌類は俗に「ケカビ」ともいわれ，パンや果物などの食品上にふわふわと毛ば立って発育している菌群である．珍しいものでは，窓のさんなどの虫の死骸にふわふわと発育しているものもある．これらの菌群は油をつくる微生物としても研究が進んでいる．

　子のう菌類は，「子のう」が入っている容器の形により，不整子のう菌類，核菌類，盤菌類に分かれている．子のうとは，交配型の異なる菌糸どうしが菌糸融

2.2 形

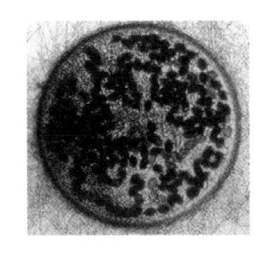

図 2.1 閉子器

図 2.2 被子器

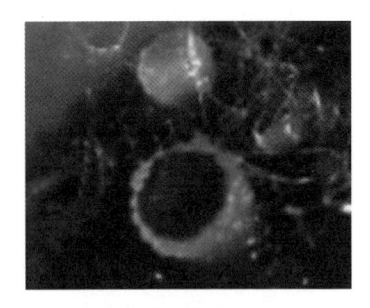

図 2.3 盤子器（裸子器）

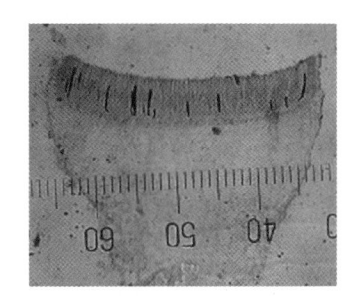

図 2.4 盤子器（裸子器）の切片

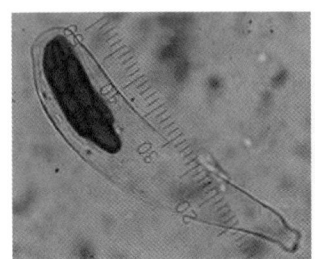

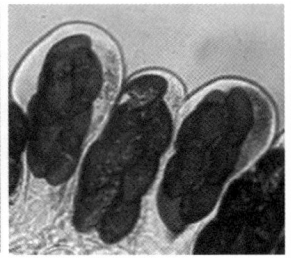

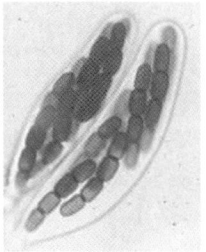

図 2.5 さまざまな子のう

合し，続いて核融合，減数分裂して有性胞子が形成されるが，その有性胞子を入れておく器官である．さらに，その子のうを守るための入れものをつくっているが，それが子のう果である．すなわち，子のう菌類は子のう果の形により分類されている．不整子のう菌類は子のう果に出口がなく，閉じたままになっている．この子のう果は，閉子器と呼ばれる（図 2.1）．子のうの形は楕円形のものが多く，その中に通常4個か8個の子のう胞子が入っている．核菌類の子のう果の形はとっくり状であり，成熟すると口の部分から子のうや子のう胞子を放出する．

核菌類の子のう果は被子器ともいう（図2.2）。この菌類の子のうは長細く，その中には4～8個の子のう胞子が入っているのが普通である。盤菌類の子のう果はお椀状をしており，盤子器（裸子器）ともいう（図2.3，2.4）。子のうの形は楕円形のものや長細いものまでいろいろである。子のう胞子の数も $4～2^n$ 個までバラエティーに富んでいる（図2.5）。ところで，子のう菌類もまた菌糸でのびていくが，和合する交配型の菌糸と出会わなかった場合は，無性胞子のみで発育する。

担子菌類はほとんどが「きのこ」と呼ばれている一群である。きのこもカビの仲間で，土壌中や木材などの基質中では菌糸として発育している。しかし，大部分のきのこの菌糸は隔壁の部分にクランプと呼ばれる特別な構造をもっているので，容易に他の菌群の菌糸と見分けることができる。きのこの分類については，本書のテーマである「カビ」の範疇から少し外れるので，他の図鑑や本を参照していただきたい。

カビの中では，不完全菌類に含まれるカビが最も身近なものである。みかんの上に発育するペニシリウム（アオカビ，*Penicillium*）や，風呂場や洗面所などに発育する黒いカビなどは不完全菌類に含まれるカビである。不完全菌類には7万～10万種が含まれるといわれ，非常に大きなグループである。前述したように，このグループの菌類には有性生殖がない（もしくはこれまでに観察をされていない）ために，無性胞子をつくる器官，そしてそれを取り囲んでいる器の形態で分類している。分生子殻や分生胞子層をつくる仲間を「分生子果不完全菌綱」に分類し，それ以外のものを「不完全糸状菌綱」としている。分生子殻は，植物の葉の表面などに菌糸で硬い殻を形成し，その中に分生子をつくる。分生胞子層は植物組織の中に入り，葉の表皮の内側に分生子をつくる。分生子という言葉は無性胞子と同義ではあるが，特に不完全菌類の胞子に用いられている。不完全糸状菌綱の菌類は分生子を入れておく特別な器官はつくらないが，分生子をつくる分生子柄が束状になるものがある。これを分生子柄束といい，分生子柄束菌目としている。また，分生子柄を一面密に着生した子座で，寄主の表面を突き破って露出する分生子座をつくる菌群を分生子座菌目として分類している。一方，上記のようなものは何もつくらず，菌糸上に分生子柄をつくり，そこから分生子を形成する菌群が線菌目の菌である。線菌目の菌類は，私たちの身の回りの環境中にみられるものが多く，また経済的に重要なものも多い。この目は，どのような形の分生子柄が形成され，分生子柄からどのような器官をつくって，分生子が形成

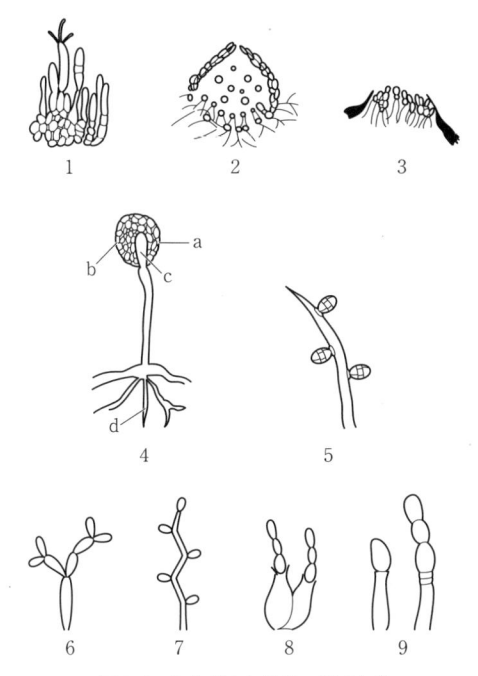

図2.6 さまざまな胞子の形成方法
1：分生子層，2：分生子殻，3：分生子座，4：接合菌類（a：胞子のう，b：胞子のう胞子，c：柱軸，d：仮根），5：ポロ型分生子，6：出芽型分生子，7：シンポジオ型分生子，8：フィアロ型分生子，9：アレウロ型分生子．

されるかで分類されており，椿　啓介博士が提唱した分類方式が世界的に有名である．分生子形成方法のおもなものは図2.6のとおりである．なかでも，みかんなどに発育してくるペニシリウムや日本酒づくりに用いられるアスペルギルス・オリゼ（麹菌，*Aspergillus oryzae*）などはフィアロ型であり，風呂場などのクラドスポリウム（クロカビ，*Cladosporium*）は出芽型である．

2.3 生物的特徴

顕微鏡がなかった時代，カビ，酵母，バクテリアは植物に分類されていたことはすでに述べたが，いろいろな学問分野が発展するにつれ，この分類に関して種々の疑問が生じてきた．その1つに，植物に分類するのであればカビは光合成をするのか，という疑問である．光合成，すなわち，植物は太陽のエネルギーを

クロロフィルによって固定し，エネルギー源であるATPをつくっている．また，空気中の二酸化炭素を取り込み，その炭素を利用して自分の体をつくり，酸素を放出している．この酸素のおかげで私たちは生存している．一方，カビはどのような方法でエネルギーを得ているのだろうか．カビはいろいろな場所に生育しているが，共通していることは有機物上に生育していることである．すなわち，ごはんやパンのでんぷんのような有機物を分解して，エネルギー源であるATPをつくり出している．このような栄養摂取をしている生物を従属栄養生物といい，私たち人間もこの生物の一群である．それに対して，植物のように太陽のエネルギーを利用して，二酸化炭素のような無機物から体をつくる生物を独立栄養生物という．このようなことが理解され始めて，カビを植物に分類することが疑問視されるようになった．1600年代にオランダのレーウェン・フックにより顕微鏡が作られると，この疑問はいっそう顕著になった．顕微鏡により1 μm 前後のバクテリアが認識され，菌類はさらに細かい菌類（細菌類）と本当の菌類（真菌類）に分けられたが，しばらくの間はなおカビは植物に分類され続けた．しかし，今ではカビとしての特徴である栄養摂取の違いから，植物でも動物でもない，微生物という名の第3の生物として重要な地位を築いている．

　また，生態学上の別の重要な特徴もあげられる．植物は「生産者」であり，動物は「消費者」である．そして，微生物は「分解者」であるとよくいわれ，自然界での炭素，窒素あるいは硫黄などの循環に大きな働きをしている．なかでもカビは，いろいろな有機物を分解して，分解物を他の生物へ提供している．食品などにカビが生えて嫌われることも多いが，自然界にいなくてはならない存在でもある．

Column 3　カビの専門用語

　カビに関する本を読み出すといろいろな専門用語がポンポン出てくる．それもよくわからない用語が多い．本書でも随所に専門用語が使われているが，それでも執筆される先生方はなるべく平易に書いておられる．このようにカビ用語が難しいのは，一般の動物や植物と異なり，微小で目に見えない構造や性質を言葉で表さねばならず，受け手が視覚的・感覚的にそれをイメージするのがなかなか困難であることが原因の1つであろう．またカビが複雑な生活環をもっており，それが種類によ

って異なることも専門用語を混乱させている．たとえば，胞子 spore は生殖細胞として共通に用いられるが，分生子（conidium），子のう胞子（ascospore），胞子のう胞子（sporangiospore），などのように分類によって異なる生殖細胞が登場してくるともうちんぷんかんぷんである．厚膜胞子（chlamydospore）は「胞子」といいながら生殖細胞ではなく，まったく違う機能を担う．さらにカビを抑える薬剤として抗カビ剤と抗真菌剤もあるが，これらはそれぞれ対象とするものが異なっている．

こうして書き出すとあれよあれよと出てくるので，ここまでにしておきたい．

2.4 生　　　　態

カビはみかんの上に発育してくる．それは胞子が空気中を浮遊している証拠でもある．浮遊している胞子がみかんの上に落下，付着するとみかん表面の栄養を取り込んで発芽，増殖し始める．菌糸の長さが 100〜200 μm を超えると，肉眼でも見えてくる．パリの市内で空気をひと息吸い込むと，1L あたり約 10 個の細菌と 2.5 個のカビを一緒に吸い込んでいるという．アメリカ航空宇宙局（NASA）も，定期的に地上 1000 m や 1 万 m 上空の微生物浮遊数を発表しているが，相当数いることを報告している．しかし，カビが最も多く生息しているのは土壌中である．畑 10a に生息するカビの菌糸の長さを全部加えてみると 6500 万 km になり，月までの距離の 170 倍にもなるという．特に植物の根の周辺には多くの微生物が集まり，これらの集団を根圏微生物という．カビの数をみてみると，根圏では，12×10^5，それ以外のところでは 1×10^5 で，根圏では生息密度が 12 倍になっていることがわかる．

土壌中から微生物を分離する場合，通常ポテトデキストロース培地（PDA）などが一般に用いられるが，PDA を好み発育の速いムーコル（ケカビ，*Mucor*）の仲間などがシャーレの表面を覆いつくしてしまい，ケカビ以外の微生物があまり分離できないことが多い．表 2.1 は筆者らの研究室で行った実験だが，土壌をあらかじめ薬剤などで処理した後に分離を試みると，随分と異なる微生物を分離することができる．表からわかるように，土壌をあらかじめエタノールで処理したり，土壌に 80℃，30 分の熱処理を加えると，子のう菌のカビを多数分離することができた．したがって，培地を用いて分離を試みた場合，培地に適した発育の速い菌だけが目立ってしまうが，そうでない他の菌も多数生息している可能性

表 2.1 各種土壌前処理による分離菌類の相違

	A	B	C	D	E	F	G	H	I	J	K	L	M	N
藻状菌類	1	0	2	0	6	0	0	0	0	0	0	0	0	0
子のう菌類	16	14	16	16	0	1	3	1	1	2	1	0	0	0
不完全菌類	5	3	13	10	17	8	0	0	0	0	0	4	4	3

A：エタノール，B：エタノール＋酢酸ナトリウム，C：エタノール＋熱，D：熱，E：酢酸ナトリウム，F：塩酸 (1N)，G：塩酸 (2N)，H：水酸化ナトリウム (5%)，I：水酸化ナトリウム (10%)，J：水酸化ナトリウム (25%)，K：水酸化ナトリウム (50%)，L：フェノール，M：さらし粉，N：ホルマリン．

があることに留意する必要がある．

　カビは空気中や土壌中だけに生息しているわけでもない．海，川，湖などの水系にも多数生息している．多くのものは，無性胞子や有性胞子に鞭毛やアクセサリーを有しており，それらで餌のある基質に付着して栄養を摂取している．水系のカビのうち，不完全菌類に属するカビの無性胞子は三角形や星型あるいはコイル状をしており，バラエティーに富んだ形をしている．川の流れの中で泡立っている場所の水を採取して顕微鏡で観察すると，これらを容易に見ることができる．また，するめを紐でくくり水面に浮かしておくと，子のう菌のカビがよく取れるという．

2.5 発生条件

　基本的には，カビは有機物の存在するところであればどこでも発生してくる．しかし，カビの発育のためには空気すなわち酸素と水分，そして，適度な温度が必要である．多くのカビは，25℃付近が発育のためには最適であるが，10〜30℃の間であれば少しずつでも発育はする．冷蔵庫内（5℃前後）で発育するカビもいる．60℃前後を最適発育温度としている高（好）温性カビと呼ばれるグループも，通常の土壌などから分離される．一方水分については，微生物は基本的には自由水と呼ばれる水分子しか利用できない．食品分野では，食品中の水分含量は水分活性という言葉で表される．これは全体の水分子量に対する自由水の割合である．通常の水は，自由水の量と水分子の量は同じなので1であるが，たとえばそれに塩を加えると，一部の水分子が塩に捕えられ，自由水が減少するので，1以下の数値となる．バクテリアは水分活性1.0〜0.9までしか発育できないが，カビは0.6ぐらいまで生育することができる．すなわち，カビは乾燥に強いわけである．

2.6 よく見るカビの紹介

　空気中を浮遊しているカビの調査は日本，カナダ，アメリカでも行われているが，そのデータにほとんど差はなく，いずれの場所でも，不完全菌類のカビであるアスペルギルス（*Aspergillus*），ペニシリウム（*Penicillium*），クラドスポリウム（*Cladosporium*）の3属が，分離菌の70〜80%を占めている．図2.7はシュークリームを汚染しているアスペルギルス・ニガー（クロコウジカビ，*Aspergillus niger*）とそのコロニーである．この菌は工業的にはクエン酸発酵に使用されており，重要な菌であるが，しばしば食品などを汚染したり耳の病気を引き起こしたりもする．図2.8はペニシリウム・エクスパンザム（リンゴ青カビ病菌，*Penicillium expansum*）で，土壌のいたるところから分離される．

（森永　力）

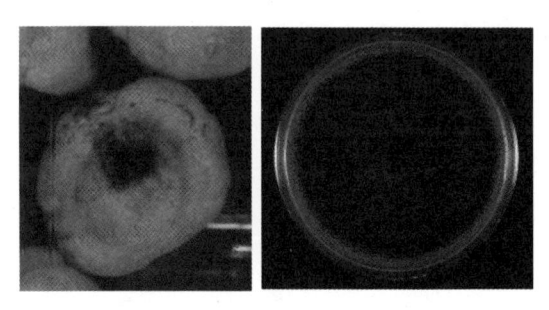

図2.7　アスペルギルス・ニガー（*Aspergillus niger*）
a：シュークリーム上に発生，b：コロニー．

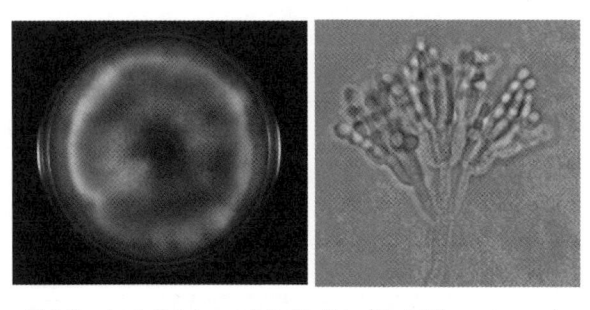

図2.8　ペニシリウム・エクスパンザム（*Penicillium expansum*）
a：コロニー，b：分生子．

Column 4　レンズのカビ被害

　しまっておいたカメラのレンズ，眼鏡の表面に糸状のものが目で見えることがある．単なる糸と思い拭き取る．結構しつこくそれでも拭き取る．しかし結局のところ拭き取れない．眼鏡であれば眼鏡店にある超音波洗浄機で拭き取ろうとするが，それでも落ちない．

　一方，カメラ好きで高級なレンズを何本かもっていると，とかくこうした現象が生じやすい．それでも大事なものだからと一生懸命に拭き取ろうとするがだめ，さてその後はどうしているのだろうか．

　光学レンズは管理次第でこうしたことになりやすい．糸状物体の正体はカビである．なぜこのような生き物が生活できそうもないものにまでカビが生えるのだろう．カビは一般に栄養がないと発育できないが，レンズのどこに栄養があるというのか？　それは人が原因である．つまり，レンズに付着した手の脂がカビを養っているのである．油は簡単に落ちない．拭き取ったと思ってもそこには微量の手脂が残っており，その微量の養分を利用して少しずつ，長い時間をかけてカビが菌糸をのばす．それは，それこそ半年や1年といった期間である．これだけの時間をかけて牙城を築いたレンズのカビはしつこいし，容易には落ちない．レンズの掃除は入念に，そして定期的に拭き取りを．

窓ガラスやカメラのレンズなどにもカビが生えることがある．

第3章 食のカビ

3.1 食べ物にカビはいる

　一般的に加熱処理工程がない食品，いわゆる「生もの」にはカビがいる．野菜，果物，刺身，生肉，香辛料，米，米粉，小麦粉，トウモロコシ粉などである．たとえば小麦粉では1gあたり10〜1000個，香辛料では，1gあたり100〜10000個，食肉・食肉加工品では10〜100個，未加熱の冷凍食品でも約10〜100個のカビが存在する．もちろんカビだけでなく，細菌もウイルスも存在する．自然界にはいろいろな微生物が生息していて，植物の遺体や土壌，動物の糞などがその温床になっている．生きたカビがいない食品は，加熱処理した食品や加工食品である．ジュースや牛乳，アイスクリーム，プロセスチーズなどの乳製品，レトルト食品，ハムやソーセージなどの食肉製品，かまぼこなどの魚肉ねり製品など，食品衛生法で製造基準が決まっているような食品には通常カビはいない．一般的にカビは細菌より熱に弱いので，細菌の規格基準が定められているような製品では，加工途中の殺菌処理でカビも死滅するからである．

　ところで，大切なことは，カビが付いている状態と，カビが生えている状態は違うということである．カビの胞子は2〜10μmぐらいの大きさなので目に見えない．しかし，発育に適した条件下では，発芽して菌糸をのばし数日後には目に見えるような大きさに生長する．つまり，カビが付いている状態は目に見えないが，カビが生えると目に見えるようになるということである．

　市販食品には上述のとおり，カビがいるものもいないものもある．カマンベールチーズなどカビを積極的に使用した食品は別として，それ以外の食品はカビが生えると目に見えるので苦情の原因になる．カビは生えてしまうと食品中の「異物」として，食品衛生法六条違反が適用される可能性がある．

3.2 食品とカビの関係

土壌にはカビが1gあたり数十万個ほどもいて有機物を分解する働きをしているが，その由来の多くは植物遺体であり，植物とカビは想像以上に親密な関係にある．植物である農作物が育ち，収穫され，貯蔵され，加工されて，食品となって食卓に上るまで，両者の特性により親密な関係になるカビの種類は変遷する．

3.2.1 圃場カビ

栽培生育中の果実，野菜，穀類，ナッツ等は，一般的にカビを含む微生物の侵入に強い抵抗性を示すため，その作物と特異的な関係にあるカビだけが感染することができる．このように，植物に寄生して病気を起こすことができるカビを植物病原菌といい，イネばか苗病菌（フザリウム・フジクロイ，*Fusarium fujikuroi*），ムギ赤カビ病菌（フザリウム・グラミネアラム，*F. graminearum*），ジャガイモ疫病菌（フィトフィトラ・インフェスタンス，*Phytophthora infestans*）などがよく知られている．これらは名前のとおり宿主作物と寄生するカビの関係が決まっていて，特定のカビだけが，特定の宿主に寄生する．

ところが，収穫期が近づくと作物の抵抗力が低下するため，強い感染力がなくても侵入できるカビが出現する．アスペルギルス（*Aspergillus*）やペニシリウム（*Penicillium*）は感染力が弱く，栽培中の健全な植物には侵入できないが，収穫後の農作物には侵入する．収穫前であっても，虫害や鳥害の機械的な傷による損傷箇所から農作物中に侵入するものもある．ペニシリウム・エクスパンザム（*P. expansum*）によるリンゴ腐敗病，あるいはペニシリウム・ジギタータム（*P. digitatum*），ペニシリウム・イタリカム（*P. italicum*）による柑橘の腐敗病，ボトリチス（*Botrytis*）によるイチゴ灰色カビ病などがある．その他にも栽培土壌（田畑，果樹園など）には多くのカビが生息している．農業における耕作と作物との関係性で，カビの種類や数が変化することがわかっている．このように栽培土壌つまり圃場に広く生息するカビを圃場カビといい，代表的なカビとしてフザリウム，アルタナリア（*Alternaria*），ステムフィリウム（*Stemphylium*），ウロクラジウム（*Ulocladium*），ドレクスレラ（*Drechslera*）などがある．

3.2.2 貯蔵カビ

作物が収穫され,貯蔵する段階になると,貯蔵環境中の温湿度の変化に伴い,発生するカビの種類も変化する.収穫直後の作物は水分含量が高く,いわゆる圃場カビが優勢で発育する.しかし,貯蔵期間が長くなると,作物の水分含量が低下し,好湿性である圃場カビから中湿性である貯蔵カビに種類が変化していく.時間が経過するに従い,生きている植物としての活性も低下するため,作物とカビとの特異的な関係は希薄となり,汚染するカビの種類は多様化する.貯蔵カビとしては,アスペルギルス,ペニシリウム,ユーロチウム (*Eurotium*) などが多く検出される.

3.2.3 食品汚染カビ

作物である果実や野菜は,果皮や種皮である程度はカビの侵入を防御しているが,食品原材料として加工され,そのバリアを除去されると,一挙にカビ発育の好基質となる.実際,コメ,ムギ,ジャガイモなどはカビが良好に発育するため,カビ培地として使用されている(ポテトデキストロース寒天培地,麦芽寒天培地,コメ培地など).このように,植物が生物としての機能を消失し,完全に食品原材料となった場合は,作物とカビの特異的な関係は解消される.カビの発育は,作物の種類に関係なく,食品成分,水分活性,pH,液体／固体のような食品特有の物理化学的な性質や,温度,酸素分圧などの食品の保存条件に大きく左右されることになる.食品を汚染するカビの種類は,私たちの生活環境に生息するカビの種類と一致する場合が多い.つまり,生活環境中の空中浮遊カビが基質としての食品に付着したとき,自分の発育に適した環境であればよく発育し,なければ発育しないか少ししか発育しない,という状態になる.

3.3 食品に生えやすいカビ

3.3.1 発育に関係する因子

上述したように,食品を汚染するカビは,食品特有の物理化学的性質と保存条件,そして食品中の主要栄養分や微量栄養素に影響を受ける.カビの発育に大きく関与するおもな因子として,以下の6項目がある.

a. 水分活性

カビの発育は食品の水分活性(water activity:a_w)に大きく影響を受ける.

水分活性とは，単なる水分含有量や湿度ではなく，微生物が使うことができる自由水の量の尺度を表したものである．純水や蒸留水のように何も結合されていない水，すなわちすべてが自由水の水分活性は1.00であるが，何らかの物質を溶かすと水が使われ水蒸気圧が低下する．また，水分活性は試料を入れた密閉容器内の相対湿度 relative humidity（RH）の1/100とも等しい．

$$a_w = \frac{P}{P_0} = \frac{RH}{100}$$

（a_w：水分活性，P：密閉容器内の水蒸気圧，P_0：その温度における純水の蒸気圧，RH：相対湿度）

　生活環境中のカビの多くはa_w1.0近くが最もよく発育するが，中にはa_w0.65～0.9でよく発育する好乾性カビもある．ほとんどの細菌は，一部の特殊なものを除いてa_w0.95以下では増殖できないため，水分活性が低い和菓子や塩蔵食品などでは細菌汚染よりカビ汚染が深刻な問題となる．さらに，農産物の乾燥品のカビの発生は，a_wを0.65以下に保つことで防止することができるが，保存温度が一定でないと，局所的にa_wが変動し，カビ発生を生じることがある

　カビのa_w耐性は，カビが発芽し菌糸をのばすことができる最低のa_w，すなわち発育最低a_w値で表すことができ，その値により大きく3種類に分かれる．

・好湿性カビ：発育最低a_w値>0.9．アルタナリア，ムーコル（*Mucor*），トリコデルマ（*Trichoderma*），リゾクトニア（*Rhizoctonia*）など．
・耐乾性カビ：0.9>発育最低a_w値>0.8．アスペルギルス，ペニシリウム，クラドスポリウム（*Cladosporium*）など．
・好乾性カビ：0.8>発育最低a_w値>0.6．ユーロチウム，ワレミア（*Wallemia*），キセロマイセス（*Xeromyces*）など．

　ただし，好湿性カビも耐乾性カビも発育至適a_wは1.0で，水分活性が高いほど発育は速い．耐乾性カビは好湿性カビに比較して，幅広い水分活性で発育することができるのが特徴である．一方，好乾性カビの発育至適a_wは約0.9であり，水分活性が高すぎると逆に発育は悪くなる．

　b.　pH

　ほとんどのカビはpH3～9の広い範囲で発育することができるが，発育至適pHは弱酸性の4～6である．なかにはpH2でも発育できるカビや酵母もある．

　一方，ほとんどの細菌の発育至適pHは中性付近であり，pH5以下では著しく増殖しにくくなる．そのため，保存性を高めた酸性食品では細菌汚染よりカビ汚

染が問題となる．例外の1つは，漬物などでよく発育する乳酸菌であり，pH3.5で増殖可能なため，カビや酵母と共存して増殖することができる．

c. 温　度

たいていのカビは0℃以上であれば発育可能であるが，40℃を超えると発育できるカビの種類は限られる．コンポスト（堆肥）由来の高温性カビであるサーモマイセス・ラヌギノサス（*Thermomyces lanuginosus*）は62℃でも発育可能であり，これがカビで報告されている最高の温度である．生活環境中のほとんどのカビの発育至適温度は20〜30℃であり，ヒトが快適に感じる生活環境中の温度と重なっている．低温になるに従い，カビの発育速度は低下するが，4〜10℃の冷蔵庫内でもカビはゆっくり発育する．カビが発育できる最も低い温度は−7〜0℃であり，フザリウム，クラドスポリウム，ペニシリウム，タムニジウム（*Thamnidium*）などが報告されている．0℃以下でも発育できるため，冷凍食品や冷蔵庫内の氷の汚染事故も発生している（図3.1）．

一般的にペニシリウムの発育至適温度は15〜20℃であり，37℃ではほとんど発育できない．一方，アスペルギルス・フラブス（*A. flavus*）やアスペルギルス・ニガー（*A. niger*）を含むたいていのアスペルギルスは37℃で発育可能であ

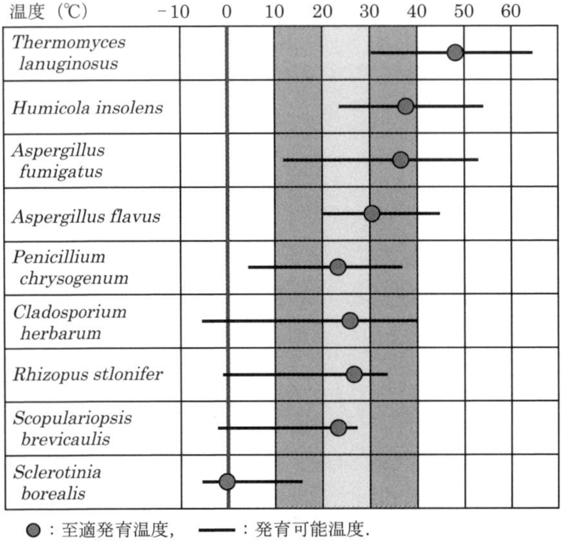

図3.1 カビの発育温度（Fungal Biology（2006）を改変）

●：至適発育温度，──：発育可能温度．

る.そのため,ペニシリウムは温帯・冷帯地域に,アスペルギルスは亜熱帯・熱帯地方に多く生息していると考えられている.

d. 酸 素

大多数のカビは呼吸からエネルギーを得るため,酸素が必要である(= 偏性好気性菌).その特性を利用して,脱酸素剤やガス置換法,真空パック包装などで食品の保存性を効果的に高めることができる.しかし,酸素がない状態でもカビの胞子は死滅せず,また,酸素濃度が0.1%の非常に少ない状態でもカビは発育可能であるため,食品中の溶存酸素や包装材の酸素透過性にも注意を払う必要がある.

一方,大多数の酵母とフザリウム,ムーコル,リゾプス($Rhizopus$)などの一部のカビは呼吸または糖を発酵してエネルギーを得ることができるため,酸素がない状態でも発育することができる(= 通性好気性菌).そのため,サッカロマイセス($Saccharomyces$)やザイゴサッカロマイセス($Zygosaccharomyces$)などの酵母,ムーコル,リゾプス,アミロマイセス($Amylomyces$)などのカビは,発酵食品の製造に利用されている.これらのカビは酸素がない環境では酵母様の形態で発育することが知られている.

e. 栄養分

たいていの食品はカビの発育に十分な栄養分を有しているが,どちらかというと,細菌がタンパク質系の食品を好むのに対し,カビは炭水化物系の食品を好む.カビは種々の酵素を分泌して栄養分を分解し,発育に必要な炭素源,窒素

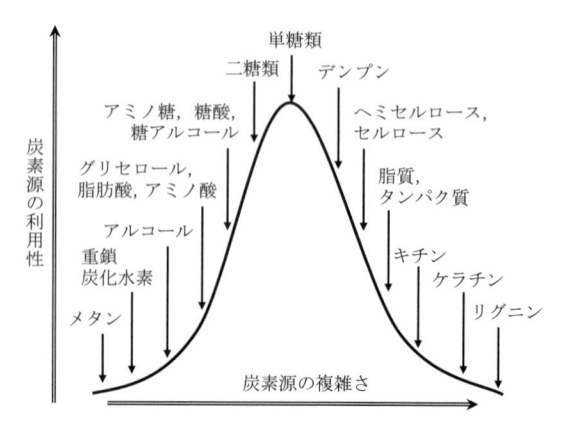

図3.2 カビの栄養分になるおもな炭素源(Fungal Biology(2006)を改変)

源，無機塩類を吸収する．同じ炭素源であっても化合物によりカビの利用の容易さが異なるため，カビの発生率に差が出てくる．一般的には単糖類，二糖類，デンプンはカビが最も好む栄養分であるが，たとえばチーズのようにタンパク質であっても，アミノ酸に分解して炭素源として利用することができる（図3.2）．

f. 相互関係

たとえば，食品中にカビの胞子と細菌が共存し，その食品が $a_w 1.0$，pH 6.5というどちらの発育にも最適な条件であった場合，カビは細菌に負けて生えることができなくなる．細菌とカビは発生方法が異なり，細菌はおおよそ30分に1回の二分裂を繰り返し増殖するのに対し，カビは胞子が発芽し菌糸をのばし発育を始めるまでに約12時間以上必要とするからである．つまり，スタートダッシュの段階でカビは細菌に負ける．

常にカビと細菌が競争関係にあるように，限られた環境の中では微生物間で栄養分の取り合いが生じる．その環境に最も適した微生物が優勢に発育し栄養分が消化されてしまうと，後発の微生物はもはや発育できなくなる．上述した発育に影響を及ぼす因子は相互に密接に関係しており，おのおのの環境で優位に発育する微生物が異なってくる．カビどうしでも同じことが発生し，それが真菌叢を形成する．

3.3.2 おもな食品とカビの種類

a. 果実類・野菜類

果実や野菜は水分活性が高く，細菌とともにカビの被害を受けやすい．カビは収穫期前後に損傷部位から侵入し，貯蔵や流通過程の中で市場病害として顕在化する．カビと汚染農産物の間には宿主と寄生体という特異的な関係にあるものが多いが，ペニシリウムのような環境中の生息カビに汚染されることも多い．多犯性，腐生性が強いアルタナリア，ボトリチス，リゾプスなどは貯蔵・流通段階で胞子が浮遊し，二次汚染を引き起こす．

1） 柑橘類

レモン，オレンジ，マンダリン，グレープフルーツなどの柑橘類の主要な汚染カビは，ペニシリウム・ジギタータム，ペニシリウム・イタリカム，ペニシリウム・ウライエンス（*P. ulaiense*）の3種のペニシリウムである．ペニシリウム・ウライエンスはよく使用されている殺カビ剤に耐性で，ペニシリウム・ジギタータムやペニシリウム・イタリカムが抑制された後で出現してくる．ペニシリウ

ム・ジギタータムの胞子は，オレンジが損傷すると発せられるリモネン，α-ピネン，アセトアルデヒド，エタノール，エチレン，二酸化炭素などの混合揮発性物質により発芽が促進される．柑橘類において，エチレンは単独ではペニシリウム・ジギタータムの発芽を促進しないが，トマト，アボガド，バナナなどではカビの発芽を促進する．その他，柑橘類に含まれる単糖や有機酸もペニシリウム・ジギタータムの発芽を促進する．その他，ゲオトリクム・カンディダム（*Geotrichum candidum*）はレモンやライムに，酸味臭の腐敗を起こす．腐敗した部分は白く軟らかくなり表面はスライム状になる．感染は長期間高温で保存した完熟果実によくみられるため，5℃以下で保存することが重要となる．アルタナリア，フザリウムによる汚染も多い．

2) リンゴ，モモ

リンゴの果実組織を軟腐させるカビとしては，ペニシリウム・エクスパンザム，ペニシリウム・クルストサム（*P. crustosum*），ペニシリウム・ソリタム（*P. solitum*），アルタナリアなどが知られている．ペニシリウム・エクスパンザムの病害は最初は軟らかく薄い色のスポットで始まるが，急速に広がり青緑色となる．このカビは低温で発育し，カビ毒であるパツリンやシトリニンを産生する．また，アプリコットやモモの缶詰は生の果実由来の耐熱性酵母やビソクラミス（*Byssochlamys*）などの耐熱性カビにより果実組織の軟化が起こることがある．

3) トマト

トマトの果肉の pH は 4.2〜4.5 で，細菌とカビの両方の病害を受ける．カビではアルタナリア・アルタナタ（*A. alternata*）が多く，病変部は黒褐色から黒色に変色する．アルタナリア・アルタナタは発育温度域が広いため，保存温度で制御することは難しく，早く消費することが一番の解決策となる．低温障害としてクラドスポリウム・ヘルバラム（*C. herbarum*）やボトリチス・シネレア（*B. cinerea*），その他リゾプス，ムーコル，ゲオトリクム（*Geotrichum*），リゾクトニア，フザリウムなどの侵害も受ける．トリコテシウム・ロゼウム（*Trichothecium roseum*）は，トマトやメロンにばら色カビ病を発生させる植物病原菌で，トリコテセン系カビ毒のトリコテシンを産生する．このトリコテシウム・ロゼウムが産生するカビ毒による食品汚染事故が，時おり報告されている．市販トマトをひと口喫食した消費者が異常な苦みを感じて保健所に持ち込んだもので，食べ残しのトマトから大量のトリコテシンが検出された．

4) ブドウ

貴腐ワインの製造に利用するカビとしてボトリチス・シネレアが有名である．このカビは通常のブドウには灰色カビ病を起こす．新鮮なブドウの表面には酵母が常在しており，その中でもクロエケラ・アピキュラタ（*Kloeckera apiculata*）は優勢種で分離株の 50〜75％を占める．最も重要なカビは，アスペルギルス・ニグリ節（*Aspergillus* section *Nigri*）に属するクロコウジカビのグループで，オクラトキシン A やフモニシン B_2 を産生し，ブドウジュースやワイン，レーズンを汚染する．オクラトキシン A を産生するカビはアスペルギルス・オクラセウス（*A. ochraceus*）をはじめ数種類報告されているが，ブドウ（ワイン）汚染の主要な原因菌はアスペルギルス・カルボナリウス（*A. carbonarius*）と考えられている．また，ペニシリウムは通常，収穫前にブドウを侵害しないが，貯蔵中にはペニシリウム・エクスパンザムが主要汚染カビとして検出される．

5) コショウ

損傷あるいは完熟したコショウの実はアルタナリア・アルタナタの侵害を受けやすく，低温流通の期間中，汚染は続く．アスペルギルス，ユーロチウム，エメリセラ（*Emericella*），リゾプス，ペニシリウム，カーブラリア（*Curvularia*）など種々のカビの侵害も受けるが，アスペルギルス・オクラセウスの侵害は少ない．製品である黒コショウ，白コショウからはアフラトキシン B 群あるいは B，G 群が高い頻度で検出され，アスペルギルス・フラブス，アスペルギルス・パラジティクス（*A. parasiticus*），アスペルギルス・ノミウス（*A. nomius*）などが分離されている．

6) コーヒー

コーヒーの実は多くのカビの侵害を受けるが，特にアスペルギルスとペニシリウムの汚染が多い．シトリニンを産生するペニシリウム・シトリナム（*P. citrinum*）は最も重要な有害カビであるが，コーヒーにおけるシトリニンの自然汚染はまだ報告がない．コーヒーではオクラトキシン A 汚染が重要であり，アスペルギルス・ニグリ節とアスペルギルス・サーカムダチ節（*A.* section *Circumdati*）のいくつかのカビが原因と考えられている．ニグリ節では，分離率も高く，オクラトキシン A 産生能力も高いアスペルギルス・カルボナリウスが主要候補である．アスペルギルス・ニガーは広範囲に汚染がみられるが，オクラトキシン A 産生株はまれで，産生能も低いため，原因カビとは考えられていない．サーカムダチ節に分類されるカビもよく分離される．最近分類が見直さ

れ，代表種であるアスペルギルス・オクラセウスは実はほとんどオクラトキシンAを産生せず，よく産生する種はアスペルギルス・ウェスタディキア（*A. westerdikiae*）とアスペルギルス・ステイニ（*A. steynii*）であることが明らかになった．この両種が原因カビの候補となっている．

7) サツマイモ

圃場で甘薯(かんしょ)黒斑病菌セラトシスチス・フィムブリアタ（*Ceratocystis fimbriata*）やフザリウム・ソラニ（*F. solani*）などの感染を受け，貯蔵中に病害を起こす．サツマイモはカビによる感染や害虫による傷害によってストレスを受けると，ファイトアレキシンと呼ばれる生理活性物質を自ら生成して対抗する．肝臓毒性を示すイポメアマロンや呼吸器症状を引き起こす4hイポメアノールなどが知られており，これを摂取した乳牛が大量に中毒死した事例が報告されている．病変部は黒くなり苦みが強いため，食用には適さない．

b. 穀類・豆類

1) コメ

収穫直後は水分活性が高いため，好湿性の圃場菌類であるアルタナリア，アースリニウム（*Arthrinium*），アウレオバシジウム（*Aureobasidium*），クラドスポリウム，フザリウム，フォーマ（*Phoma*）などの侵害を受ける．乾燥後，コメの水分含量が低下すると，アスペルギルスやペニシリウムといった中湿性の貯蔵性カビが主流を占めるようになる．そして，貯蔵期間が長くなりさらに水分含量が低下すると，好乾性の貯蔵カビであるユーロチウムやアスペルギルス・レストリクタス（*A. restrictus*）などが多く検出される．いずれの過程でも，目視でカビ発生が見られた場合に「カビ米」あるいは「病変米」という．コメは日本人の主食であるため，第二次世界大戦直後の「黄変米事件」（次節および6.2.3項参照）に代表されるように，その安全性に対する国民の関心は非常に高い．近年実施した国内産玄米100検体の付着カビ調査では，カビ毒を産生する可能性のあるカビとして，ペニシリウム・イスランジカム（*P. islandicum*）（1％），アスペルギルス・バージカラー（*A.versicolor*）（18％），アスペルギルス・オクラセウス（3％），アスペルギルス・フラブス（5％）など中湿性の貯蔵カビが検出された．収穫後のすみやかな乾燥と貯蔵中の温度・湿度の管理がきわめて重要であり，現在では火力乾燥と低温貯蔵倉庫（13～15℃，あるいは5℃，湿度73～75％）の使用が主体であり，カビの発生を防止している．

2) コムギ

収穫時の穀粒からはアルタナリア，フザリウム，クラドスポリウム，エピコッカム（*Epicoccum*）などの圃場カビが高率に検出され，カビが発育することによって穀粒の変色と品質の低下が起こる．また，日本はムギ類赤カビ病が発生しやすい気候にあり，発生すると，栽培中にデオキシニバレノール（DON）やニバレノール（NIV）のカビ毒が産生される．DON 産生カビとしては，フザリウム・グラミネアラム，フザリウム・カルモラム（*F. culmorum*）があり，NIV 産生カビとしてはフザリウム・グラミネアラム，フザリウム・クロックウェレンス（*F. crookwellence*），フザリウム・ポアエ（*F. poae*）がある．日本では，北海道から東北地方にかけてはほとんどが DON 産生カビのみであるが，本州中部以南は DON 産生カビと NIV 産生カビが混在する．世界的には亜寒帯での栽培がさかんなため，DON 単独汚染が多い．

3) ラッカセイ

ラッカセイは地下で結実するため，土壌由来のカビに汚染されやすい．ラッカセイの莢は堅くカビの侵入に対しては物理的なバリアとなるが，割れ目や損傷部位があると種実までカビは到達する．新鮮なラッカセイでは，圃場カビであるアルタナリア，カーブラリア，フザリウム，ムーコル，フォーマ，リゾクトニアなどが検出される．ラッカセイの種実では，貯蔵中に，アスペルギルス・ニガーやアスペルギルス・フラブスが，次にはユーロチウムやワレミアなどが増加してくる．亜熱帯地域ではアフラトキシン産生株の畑土壌での定着率が高いため，ラッカセイのアフラトキシン汚染が問題となっている．アメリカ，オーストラリア，中国においては，おもにアフラトキシン B 群産生菌であるアスペルギルス・フラブスとともに，アフラトキシン B, G 群産生菌であるアスペルギルス・パラティクスが畑土壌とラッカセイから高率に分離されることが報告されている．

c. 乳製品・食肉製品

1) チーズ

チーズは熟成後の貯蔵と流通過程でカビに汚染されることが多い．保存料が無添加の場合，チーズの種類にあまり関係なく，ペニシリウムがよく検出される．最も多いのは，ペニシリウム・コンミューン（*P. commune*）とペニシリウム・ナルギオベンス（*P. nalgiovense*）である．その他，ペニシリウム・ディスカラー（*P. discolor*），ペニシリウム・ロックェフォルティ（*P. roqueforti*），ペニシリウム・ベルコサム（*P. verrucosum*）なども検出される．これらのカビはチー

ズ製造工程の環境調査でも検出され，貯蔵室に定着したペニシリウムが製品の汚染に関与していると考えられる．伝統的にチーズの製造には，ペニシリウム・カメンベルティ（*P. camemberti*）やペニシリウム・ロックェフォルティが使用されてきたが，現在では，ペニシリウム・カメンベルティはシクロピアゾン酸を，ペニシリウム・ロックェフォルティはPRトキシン，ロックフォルチンC，ミコフェノール酸などのカビ毒を産生することがわかっている．そこで，各種市販チーズ数百検体を調べたところ，試料中に非常に低濃度のカビ毒汚染を確認したのみであった．これは，チーズ製造条件が，カビの発育には適しているが，カビ毒の産生には適していないことを示している．

長期間保存した硬質チーズでは，水分活性が低くなるため，アスペルギルス・バージカラーやユーロチウム・レペンス（*E. repens*）に汚染されることが多い．アスペルギルス・バージカラーはステリグマトシスチンを産生することが知られているため，市販品を調査したところ，試料39検体のうち9検体から5～600 $\mu g/kg$ のステリグマトシスチンが検出されたという報告もある．雑菌汚染を予防し，カビ毒産生を抑制するためには，特に低温管理が重要である．

2) 食肉製品

食肉の成分はタンパク質が主体であり，また水分活性も高いため，通常はカビ発生より細菌や酵母による腐敗が先行する．しかし，牛枝肉や部分肉を-5～-10℃で保存中に，表面が乾燥しカビが発生する場合がある．アルタナリア，クラドスポリウム，ムーコル，ペニシリウム，フォーマなどの好冷性あるいは耐冷性のカビが主流となって汚染する．カビ発生による食肉の変質は，限局した黒色スポットとして現れることが多い．アウレオバシジウム・プルランス（*A. pullulans*），クラドスポリウム・クラドスポリオイデス（*C. cladosporioides*），ペニシリウム・ヒルスタム（*P. hirsutum*）が主要なカビで，-5～0℃のチルド状態で発生しやすい．白色スポットからは，アクレモニウム（*Acremonium*），毛羽立ちスポットからは，ムーコル，タムニジウム（*Thamnidium*），青緑スポットからはペニシリウムなどが分離されている．

d. 穀物製品と低水分活性食品

1) 小麦粉・パンなど

小麦粉のカビ数は製粉前と比較してかなり増加する．その理由として，乾燥後製粉するので中湿性カビであるアスペルギルスやペニシリウムが優勢になること，そして，これらのカビは圃場カビに比べ同じ1集落でもたくさんの胞子を産

生することが考えられる．さらに時間が経過すると，好乾性カビであるワレミアやユーロチウム，クラドスポリウムなどが発生してくる．

　食パンは比較的水分活性が高く，ペニシリウムやアスペルギルス・ニガーの汚染を受ける．不十分な放冷後に脱酸素剤を入れて保存すると，結露を生じて，酵母が発育することがあり，ピチア・アノマーラ（Picha anomala）はシンナー臭を産生するため，苦情の原因になりやすい．ソルビン酸やプロピオン酸などの保存料を添加している場合は，それらに耐性をもっているペニシリウム・ロックェフォルティとその近縁種ペニシリウム・パネウム（P. paneum），ペニシリウム・カーネウム（P. carneum）が優勢に発育する．

2）　乾燥食品

　水分活性が低いために，ユーロチウム，アスペルギルス・レストリクタス，ワレミア・セビ（W. sebi），キセロマイセス・バイオポルス（Xeromyces bioporus），クリソスポリウム（Chrysosporium）などの好乾性カビに汚染される．好乾性カビであっても最低発育 a_w 近くになると発育はかなり抑制されるため，a_w 0.75 以下に保つことが推奨される．a_w を低下させる溶質として糖と食塩がよく使用されるが，いずれを使用した食品であるかにより汚染カビの種類が異なる．ユーロチウム，アスペルギルス・レストリクタス，ワレミア・セビは広範囲の基質で発育可能で，種々の乾燥食品から分離される．キセロマイセス・バイオポルスとクリソスポリウム・ファーニコラ（C. farinicola）は好糖性のため，乾燥果実やジャム，蜂蜜，チョコレートなどを汚染する．バシペトスポーラ・ハロフィリカ（Basipetospora halophilica）は好塩性のため，塩蔵ワカメ，干し魚，味噌，漬け物を汚染する．ザイゴサッカロマイセスなどの好浸透圧性酵母も同様の食品を汚染する．

3.4　有害なカビ：カビ毒産生菌

3.4.1　カビ毒による食中毒

　日本においては少なくともここ数十年間，カビによる急性食中毒の集団発生は報告されていない．その一番の理由は，カビが生えた食物を強いて食べなくてもよくなったという食糧事情にある．

　カビを原因とするヒトの食中毒では，ライムギに寄生する麦角菌（Claviceps purpurea）に起因する麦角中毒が最も古い記録として残されている．麦角中毒は

麦角菌が産生する麦角アルカロイドが原因であり，ライムギを主食としていた中世ヨーロッパでしばしば発生した．痙攣性と壊疽性が激しく，あまりにもおそろしい中毒症状のため，「聖アンソニーの火」と呼ばれ，人々を恐怖におとしいれたと伝えられている．1692年のセイラム魔女裁判で処刑された女性たちも幻覚を伴う麦角中毒であったという説がある．1890年頃にはロシアでフザリウム（アカカビ）が寄生したムギで作ったパンを食べ，頭痛，めまい，悪寒，嘔吐，視力障害などの中毒症状を起こしたという記録が残っている．日本においても，1940～1950年代にかけて，北海道産の小麦粉で作ったパンやうどんを食べ，吐き気，嘔吐，下痢，腹痛，浮腫，発疹等の症状を呈する食中毒事件が全国で散発的に発生した．原材料のコムギが高率に赤カビ病に罹患していたことが原因であった．第二次世界大戦後，食料不足の中で輸入したコメがペニシリウムで黄変していたいわゆる「黄変米事件」も有名である．ペニシリウムの代謝産物に毒性があることが指摘され，当時，約15万トンもの輸入米が食用不適となった．また，現在でも発展途上国においては，カビ性食中毒の危機は深刻である．2004年にケニアにおいてアフラトキシン中毒が発生し，317人の黄疸患者が報告され，そのうち125人が死亡した（患者致死率39％）．天候不順のため，湿気の多い環境下で主食であるトウモロコシを保存せざるを得なかった．そのため，保存中にアスペルギルス・フラブスにより高レベルのアフラトキシンが産生され，それを数週間にわたり食したためと報告されている．2005年には，アメリカでアフラトキシンに汚染されたペットフードを食べたイヌが23匹死亡した事例が報告されている．アメリカではペットフードのアフラトキシン基準値違反によるリコールがしばしば報告されており，ヒトの食用に適さないものが家畜やペットにまわる可能性がある．このように現在でも食品や飼料に対するアフラトキシンの高濃度汚染は存在しており，生産者側と消費者側，両方からの対策が必須である．

3.4.2 カビ毒産生菌
a. 代表的なカビ毒産生菌
　代表的なカビ毒産生菌はアスペルギルス，ペニシリウム，フザリウムであり，多種類のカビ毒を産生する．アスペルギルスはおもに亜熱帯，温帯地域に，ペニシリウムとフザリウムはおもに温帯，冷帯地域に分布している．畑土壌に生息するカビが農作物に侵入する過程には寄生性と腐生性があり，フザリウムは植物病原菌として特定の作物に寄生するものが多い．アスペルギルスとペニシリウムは

腐生性が強く，栽培中の健全な植物には侵入できないが，完熟した果実や収穫後の農作物には侵入する．また，アスペルギルス・パラジティクス（*A. parasiticus*）とラッカセイの関係のように，その中間型も存在し，収穫前の作物の抵抗性が低下した時期や機械的な傷口などから農作物中に侵入するものもある．侵入したカビは，圃場，貯蔵，輸送のいろいろな段階で汚染することによってカビ毒を産生する．

1) アスペルギルス

菌の歴史： アスペルギルス（コウジカビ）は，その分生子頭の構造がカトリック教会で聖水をかける"aspergillum"という装置の形に似ていることから名づけられた．アスペルギルス・オリゼ（*A. oryzae*）とアスペルギルス・ソーヤ（*A. sojae*）はわが国では麹菌として古くから酒，味噌，醤油などの醸造に使用されてきた．1960年にイギリスでアフラトキシンが発見されたとき，アフラトキシンの産生菌であるアスペルギルス・フラブスとアスペルギルス・パラジティクスは形態学的にそれぞれアスペルギルス・オリゼとアスペルギルス・ソーヤに酷似していたため，その分類を巡って日米論争が沸き起こった．遺伝子解析等から，現在では両種はそれぞれ野生株と馴化株の関係にあると考えられている．アスペルギルスの有性世代（テレオモルフ）は，ユーロチウム属，ネオサルトリア属，エメリセラ（*Emericella*）属などである．

形態性状： 菌糸の隔壁で仕切られた柄足細胞から立ち上がった分生子柄の先端部が膨大し，「しゃもじ」型の頂のう（vesicle）となる．頂のうから「アンプル」型のフィアライド（phialide）が生じ，先端部から連鎖的に分生子を産生し，放射状あるいは円筒状の分生子頭を形成する．頂のうとフィアライドの間にメトレ（metulae）を有するものもある．集落は白色，緑色，黄褐色，黒色と種により特徴的な色を呈する．

生態・分布： アスペルギルスは世界中に広く分布するが，分布の中心は亜熱帯から熱帯にある．穀類等の農産物に加え，糖分・塩分の高い加工食品からも検出される．

食品汚染カビとして重要な種： カビ毒を産生する種としては約50種報告されているが，最も重要な種は，アフラトキシンを産生するアスペルギルス・フラブス，アスペルギルス・パラジティクス，アスペルギルス・ノミウスで，ほとんどがフラビ（*Flavi*）節に属する．アスペルギルス・フラブスはアフラトキシンB_1，B_2を産生する株としない株があり，温帯から亜熱帯・熱帯に移行するほど

アフラトキシン産生株の割合が高くなる．国内においては，アフラトキシン産生株の分布は九州地方以南に限定されていたが，近年，本州の各地でその生息領域の拡大を示唆する報告が相次いでいる．アスペルギルス・パラジティクスとアスペルギルス・ノミウスはアスペルギルス・フラブスより分布は狭く，おもに亜熱帯・熱帯に生息し，ほとんどすべての株がアフラトキシン B_1, B_2, G_1, G_2 を産生する．ナッツ類とトウモロコシに強い親和性がある．アスペルギルス・オクラセウスの近縁種とアスペルギルス・ニガーの近縁種には腎毒性をもつオクラトキシン A を産生する株が存在する．生コーヒー豆や乾燥果実のオクラトキシン A 汚染に関与しているといわれている．アスペルギルス・カルボナリウスもオクラトキシン A を産生することが報告されており，ワイン用ブドウのオクラトキシン A 汚染の主要な原因菌と考えられている．アスペルギルス・ニガーの近縁種にはフモニシン B_2 を産生する株も報告されている．アスペルギルス・バージカラーはステリグマトシスチンを産生し，コメ，チーズへの汚染が報告されている．

2） ペニシリウム

菌の歴史： ペニシリウム（アオカビ）の一種ペニシリウム・カメンベルティ（*P. camemberti*）やペニシリウム・ナルギオベンス（*P. nalgiovense*）は，ヨーロッパを中心にチーズや発酵サラミソーセージの製造に伝統的に使用されてきた．1929 年にフレミング（A. Fleming）がペニシリンを発見して以来，ペニシリウムの代謝産物の研究に拍車がかかり，カビ毒も数多く発見された．日本では，第二次世界大戦後の深刻な食糧不足の中で，ペニシリウム・シトレオニグラム（*P. citreonigrum*），ペニシリウム・イスランジカム，ペニシリウム・シトリナムによる「黄変米事件」が発生した．これらの輸入米は，代謝産物に毒性があることが報告されたため，ただちに流通が禁止された．ペニシリウムの有性世代はユーペニシリウム（*Eupenicillium*），タラロマイセス（*Talaromyces*）の 2 属である．

形態性状： 「アオカビ」という俗名どおり，集落は青緑色が基調である．菌糸から分生子柄が立ち上がり，先端に箒状あるいは筆状のペニシリを形成する．ペニシリ（penicilli）はラテン語で「画筆」の意味を表す．ペニシリはフィアライドのみの単輪生，フィアライドとメトレからなる複輪生，ラミーを加えた三輪生または多輪生があり，形態学的な種の分類の基本となっている．

生態・分布： ペニシリウムは世界中に分布するが，アスペルギルスと異な

り，分布の中心は温帯から冷帯にある．圃場菌類として収穫直後の生鮮果実・野菜に，貯蔵菌類として収穫乾燥後の穀類等に発生する．本菌による食品事故は多く，低温流通の加工食品からも検出される．

食品汚染カビとして重要な種： カビ毒を産生する種としては約 80 種以上報告されているが，重要な種としては，シトリニンを産生するペニシリウム・シトリナム，オクラトキシン A を産生するペニシリウム・ベルコサム，パツリンを産生するペニシリウム・エクスパンザム（*P. expansum*）などがある．ペニシリウム・シトリナムはコメ・コムギ等の穀類，生コーヒー豆，食肉加工品等から分離され，大部分の株がシトリニンを産生する．ペニシリウム・ベルコサムはカナダやヨーロッパ等の寒冷地域での低温発育が特徴でオオムギ・コムギに発生し，オクラトキシン A とシトリニンを産生する．ペニシリウム・エクスパンザムはリンゴやナシの果実を腐敗させ，大量のパツリンとシトリニンを産生する．そのため，市販リンゴ果汁やリンゴ加工品に広くパツリン汚染を引き起こす．一方，ペニシリウム・ジギタータム（*P. digitatum*）はミカン，レモン等の柑橘類を腐敗させるが，おもなカビ毒の報告はない．

3) フザリウム

菌の歴史： フザリウム（アカカビ）の一種であるフザリウム・グラミネアラムはムギ類に特異的に寄生し，出穂期以降の穂を赤褐色から紫褐色にするため，ムギ赤カビ病菌と呼ばれる．わが国では 1940〜1960 年頃，この菌に汚染されたムギを原材料としためん類やパン，あるいはコメを喫食したヒトに腹痛，嘔吐，下痢を主症状とした急性食中毒が多発した．フザリウムの有性世代はネクトリア（*Nectria*）属，カロネクトリア（*Calonectria*）属，ジベレラ（*Gibberella*）属である．

形態性状： 「アカカビ」という俗名どおり，赤色綿毛状の集落を形成する種が多いが，白色，黄色，青色を呈する種もある．三日月形で多細胞の大型分生子（macroconidia）の形成が特徴である．同時に洋梨形，卵形で単細胞の小型分生子（microconidia）を形成する種も多い．分生子の形がラテン語の fusus（紡錘）に由来していることから，フザリウムと名づけられた．

生態・分布： フザリウムは世界中に分布するが，分布の中心は温帯から冷帯にある．多くの種が植物病原菌で土壌に生息し，農作物に根腐れ病，茎枯れ病などの病害を引き起こす．フザリウム・フジクロイ（*F. fujikuroi*）はイネばか苗病菌として特に日本で有名である．フザリウムはコムギやトウモロコシなどの作

物に侵入後，増殖してカビ毒を産生する．穀類，豆類の最も一般的な汚染菌である．

　食品汚染カビとして重要な種： フザリウムはアスペルギルス，ペニシリウムと並んで，重要なカビ毒産生種を含んでいる．特に主食となるコメ，ムギ，トウモロコシなどの穀類の汚染菌であるため，食品の安全性に与える影響は大きい．フザリウム・グラミネアラム（＝ジベレラ・ゼアエ，G. zeae）は世界中の土壌で最も広範囲に分布している植物病原菌で，特にムギ類に赤カビ病を発生させる（p.103 の図 6.17 参照）．日本全国に分布し，作物中でデオキシニバレノール（DON），ニバレノール（NIV），ゼアラレノン等の主要なカビ毒を産生する．フザリウム・バーティシリオイデス（F. verticillioides）（＝ジベレラ・モニリフォルミス，G. moniliformis）は世界中に分布する植物病原菌で，トウモロコシから分離される．代表的なカビ毒はフモニシンである．フザリウム・スポロトリキオイデス（F. sporotrichioides）は温帯から冷帯に分布する植物病原菌で，ムギ，トウモロコシ等を汚染する．ATA 症の原因菌であり，T-2 トキシンを産生する．本菌は $-2°C$ というきわめて低い気温下でも発育可能で，越冬中の穀類からも検出される．

b. カビ毒産生に影響を及ぼす因子

　カビ毒を産生するカビにおいて，そのカビ毒産生に影響を及ぼす因子は多様である．農作物の側では，農作物のカビに対する感受性，干ばつや冷夏などの天候不順によるストレス，栄養状態，虫害などの機械的な傷の有無が影響を及ぼす．カビの側では，カビの侵襲力，病原性，共存するカビフローラ，分布密度が，環境では気温，降水量，日照時間等が影響を及ぼす．カビが発育できる条件とカビ毒を産生する条件は一致するとは限らない．たとえば，アスペルギルス・フラブスとアスペルギルス・パラジティクスは温度 12〜48°C，水分活性 0.80〜1.0 の範囲で発育できるが，アフラトキシンを産生するのは，温度 28〜33°C，水分活性 0.85〜0.97 の範囲内である．また，一般的にカビ毒を産生する温度は 24〜28°C が最適であるが，T-2 トキシンのように 15°C 以下で産生するものもある．

　農作物のカビ毒汚染を防止するためには圃場や貯蔵時に生息するカビをコントロールすることが考えられるが，実際にはこれらの有害カビを土壌から根絶することは不可能であり，そのため，食品のカビ汚染あるいはカビ毒汚染をゼロにすることもきわめて困難である．しかし，今後世界的な食糧不足が予測される中，

極微量に汚染された食糧まですべて廃棄してしまうことはまた現実的ではない．したがって，農作物のカビ毒汚染を最少に抑える対策を講じるとともに，常に汚染状況をモニタリングし，健康に影響がない量であるかを監視することが大切である．

3.5　食のカビは有害か：食品苦情

ところで，「カビが生えた食品を気がつかずに食べてしまったが，大丈夫か？」という消費者からの相談は非常に多い．カビによる食品苦情の多くは目視によりカビが発育していることを疑われた例がほとんどである．カビ苦情で保健所に搬入された食品は，まずカビを顕微鏡でカビであることを確認した後，培養し，分離同定される．その結果，日本において，喫食したカビを原因とする急性の食中毒は発生しているのだろうか．

カビの食品苦情事例の実態を明確にするため，厚生労働省の調査研究が実施された．苦情事例を食品の種類別にみると，菓子類（28％）が最も多く，次いで嗜好飲料（23％），パン（10％），野菜果実とその加工品（8％），魚介と魚介加工品（7％）の順であった（図3.3）．

「加工・調理食品」と「生鮮食品・未加工品」に分けると，実際の苦情事例の90％以上が「加工・調理食品」で報告された．これは「生えてはいけない市販製品にカビが生えた」という消費者心理が働いた結果であると思われる．全事例1096件のうち，苦情食品を喫食した事例が44％あり，そのうちの18％がなんら

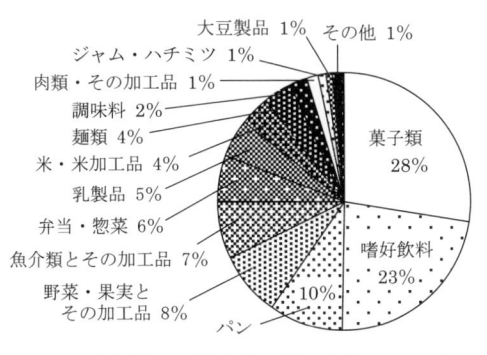

図3.3　食品種類別苦情件数の割合（酒井ら，2004）

かの臨床症状を訴えた．しかし，検出されたカビの種類と健康被害状況の間には有意な関連性がみられなかった．このことから，消費者にとっては「カビを食べてしまった」という心理的ショックが大きく，そのせいで体調不良を訴えたというのが実情ではないかと推察される．

　以上のように，現在日本においては，特定のカビの喫食による急性の健康被害は報告がない．しかし，気づかずに喫食したカビが，実際カビ毒を産生する種類のカビであった場合も健康被害が起こる可能性はないのかという心配は残る．カビ毒の中でも最も毒性が強いアフラトキシンを例に考えてみよう．前述のアフラトキシン急性食中毒（肝障害）は，数週間の継続摂取後発生しており，食糧を汚染されていないトウモロコシと交換した後は発生が収まっている．1980年代の別の事件では急性食中毒発生1年後に肝障害患者の追跡調査を行っているが，ほとんどの人が正常に回復していた．1966年には研究者が5 mgと35 mgの精製アフラトキシンを飲んで2回自殺を図ったが，症状は発疹・頭痛・吐き気だけであった．また，アフラトキシンの慢性毒性（肝がん）については原発性肝がんの発生リスクが計算されており，アフラトキシンB_1を1日体重1 kgあたり1 ngを一生涯摂取した場合，10万人に0.01人と報告されている．以上を勘案すると，現在の日本においては，たった1回のカビ毒単一曝露による健康被害のリスクは，限りなく低い．

気づかずにカビを食べてしまった…と，心理的なショックで体調を崩すことも．

3.6　やっかいな食品汚染カビ：耐熱性カビ

　食品を汚染するカビの中にはユニークな性状をもつ一群のカビがある．

　一般的にカビや酵母の耐熱性は低く，湿熱条件下では，60～65℃，5～10分，または70℃，10分程度の加熱で容易に死滅する．ところが，一部のカビは，子嚢胞子や厚膜胞子を形成し，80℃，30分の加熱にも死滅しない耐熱性をもつ．この耐熱性カビは，低 pH や低水分活性の環境中でも発育できるため，低温殺菌処理した果実・野菜の缶詰や瓶詰め飲料の変敗事故を引き起こす．耐熱性カビによる変敗事故の多い食品としては，パイナップル，マンゴーなどの果実加工品，ゆでめん，ゆでスパゲティ，ウーロン茶，アロエ飲料，リンゴジュース，ブドウジュースなどがある．おもな耐熱性カビとしては，ビソクラミス属，ネオサルトリア（*Neosartorya*）属，タラロマイセス属，ユーペニシリウム属などの子のう菌類があり，これらの子のう胞子は湿熱条件下で D 値（菌数が 1/10 になるのに要する時間）が約90℃，10～20分と耐熱性が高い．

　耐熱性カビは世界中の土壌に広く分布しており，土壌中では子のう胞子を形成して休眠状態で存在する．興味深いことに，この休眠状態にある子のう胞子は加熱処理により活性化し（休眠打破），発芽率が一挙に上昇する．原材料に付着，あるいは空中浮遊している休眠状態の子のう胞子が加熱前の製品を汚染した場合，加熱工程を通過することによって，逆に発芽が促進される．ペットボトル飲料やパウチ詰め食品など比較的新しい容器包装でも，加熱ショックにより覚醒した耐熱性カビの汚染事故が報告されている．　　　　　　　　　（久米田裕子）

参 考 文 献

1) Deacon, J.：Fungal Biology　(4th ed.), Blackwell Publishing (2006)
2) Pitt, J. I., Hocking, A. D.：Fungi and Food Spoilage　(2th ed.), Aspen Publishers, Inc. (1999)
3) Samson, R. A. et al.：Introduction to food- and airborne fungi　(7th ed.), Centraalbureau voor Schimmelcultures (2004)
4) 酒井綾子ほか：真菌汚染による苦情食品とその喫食による健康被害．食衛誌，**45**：201-206 (2004)
5) Dijksterhuis, J., Samson, R. A.：Food Microbilogy, A Multifaceted Approach to Fungi and Food, CRC Press (2007)

Column 5　昔と今―食べ物の変化とカビ―

　かつて私たちの食卓は国産の原料でまかなわれ，そのほとんどを近郊の農家で生産されたコメや野菜・肉，近海で獲れた魚などに頼ってきた．ところが現在では国内の農産物生産量は減少し，そのぶん食品やその原料を諸外国に依存するようになった．また，各家庭に冷蔵庫が普及し，食品流通のコールドチェーンが確立されたのは比較的最近のことである．こうした食品の流通形態の変化はミクロの世界にも影響を及ぼし，カビの世界に大きな変化をもたらしている．

　温帯気候帯に属する日本のカビは，四季それぞれに出現しては消えるといったことを繰り返してきた．そのおもなものはアオカビ，クロカビ，アカカビ，クモノスカビ，それにコウジカビなどであったが，海外とのモノの行き来が増えるにつれ，それらについて外から入り込んでくるカビも多くなり，その中には日本の気候風土に適応してのさばるものも出てきている．

　アスペルギルス・フラブスはカビ毒で最も恐ろしいとされる発がん性物質のアフラトキシンを産生するが，元来日本には存在しないカビである．また，同じく発がん性物質のオクラトキシンを産生するアスペルギルス・オクラセウスも，もともと国内には分布していなかった．これら2種のカビはともに熱帯や亜熱帯の土壌に常在しているが，日本へは豆・ムギ・コメ・ラッカセイ・コーヒー豆などに深く侵入したまま持ち込まれた．また，アオカビは通常温帯性のカビだが，熱帯・亜熱帯に生息する種類には発がん性物質を産生するものがあり，それらが国内でも一般にみられるようになってきている．これらの例のように，カビの分布も経済流通の発展に伴い「グローバル化」しているといえよう．

　食品のカビに変化がみられるようになってきた理由は，海外からの侵入のほかにもある．食品の保存期間をなるべく長く保たせるために保存料や乾燥剤などが使用されるようになり，また健康指向から減塩・ノンカロリー・低糖など以前と異なる特性をもつ食品が市場に出回るようになった．これらが要因となり，カビ汚染事故の原因カビも様変わりしつつある．たとえば，かつてはクロカビによる事故が多かったが，このところカワキコウジカビといった好乾性カビや，ネオサルトリアという耐熱性カビが多くみられるようになった．食品加工技術が進むほどに，今まで主流であったクロカビにかわり多種多様のカビが汚染原因となってきたのである．この先ますます多様な食品が開発されると予想され，食品とカビの関係はいっそう複雑になっていくであろう．

第4章
住のカビ

4.1 室外と室内のカビ

　元来，カビは土壌を起源としており，土壌中には非常に多くのカビが分布している．土壌から空中に飛散したカビは風にのって浮遊し，植物や動物，建築物などさまざまなものに付着する．そして，カビにとって都合のよい条件がそろうと汚染へと進む．

　普段の生活において室外でカビを目にすることは少ないが，木や竹など天然素材の塀や門扉，外壁，雨ざらしの看板やポスター，花壇の土や枯れた植物などにみられることがある．特にカビと植物との関係は強く，ある植物に特異的に発生するカビがある．たとえば，ムギとフザリウム（アカカビ，*Fusarium*），イチゴ

図4.1　土壌をはじめ，屋外にも多くのカビが存在する．

とボトリチス（ハイイロカビ，*Botrytis*），リンゴや柑橘類とペニシリウム（アオカビ，*Penicillium*）などであり，これらは植物病原カビとして位置づけられている．

　一方，室内は人が生活するうえで最も長い時間を過ごす場所であり，生活の場としてきわめて重要な環境である．近年の住構造は，快適な室内環境を重視し，それを維持するために気密性や断熱性を高める傾向がある．しかし，高気密や高断熱がかえって高湿な環境を生じさせ，室内でのカビ発生の要因となることもある．

　室内でのカビの分布はそれぞれの場所やもので異なる．部屋の使用頻度，階数や方角の違い，窓や家具の位置，炊事や入浴による水蒸気の発生，冷暖房や加湿器の使用，通気，換気などにより室内には微妙な温度差や湿度差が生じるため，その環境差に応じたカビが分布しているのである．

4.2　住環境のカビ分布

　カビは目に見えなくても住環境のありとあらゆるところに分布している．表4.1は住環境にあるさまざまなもののカビの量を測定した結果であるが，汚染が認められなくてもカビが存在していることがわかる．しかしこれは普遍的なことであり，一般の住環境においてカビをゼロにすることは不可能であり，カビがいるからといって悪影響があることはほとんどない．しかしながら，カビが異常に増えたり，汚染が進行・拡大したりすると健康や構造物に影響を与えることがある．

　住環境でカビが目に見えて確認できる場所，すなわちカビが発生・汚染しやすい場所は，浴室，洗面所，トイレ，台所，押入れなどであり，比較的高湿となり

表4.1　住環境にどれくらいカビがいるか

住環境	カビ数
空　中	$2 \sim 100 \,/\, m^3$
ダスト	$10^4 \sim 10^7 \,/\, g$
畳	$10 \sim 10^3 \,/\, 100 \, cm^2$
じゅうたん	$10^2 \sim 10^5 \,/\, 100 \, cm^2$
壁　面	$10 \sim 10^3 \,/\, 100 \, cm^2$
エアコンフィルター	$10^4 \sim 10^6 \,/\, 100 \, cm^2$
衣　類	$10 \sim 10^3 \,/\, 100 \, cm^2$

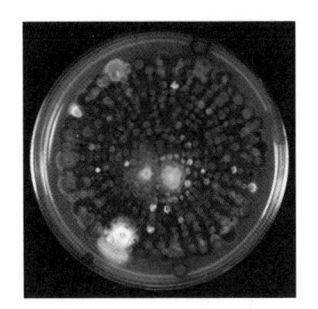

図 4.2 室内環境のカビ
ある家庭の室内空気をエアーサンプラーで測定した結果,クロカビが著しく検出された.この家庭では結露がひどく,窓やカーテンにもクロカビが認められ,これが空中にも浮遊していたと思われる.

やすい場所である.また,結露のみられる窓や壁面でもカビが問題となりやすい.こうした環境で発生するカビの多くは,クラドスポリウム(クロカビ,*Cladosporium*),アルタナリア(ススカビ,*Alternaria*),トリコデルマ(ツチアオカビ,*Trichoderma*),フザリウム(アカカビ,*Fusarium*)など湿ったところに発生しやすい好湿性カビである.また,玄関の靴箱,押入れ,畳など,一見湿っていないような場所にもカビの発生がみられる.おもなカビは耐乾性のアスペルギルス(コウジカビ,*Aspergillus*),ペニシリウムなどである.さらに,書籍,ガラス,プラスチック,皮革などに発生するユーロチウム(カワキコウジカビ,*Eurotium*)は,ハウスダストなどで長期間生存し続ける好乾性カビである.

このようにカビはいつも湿った場所だけに発生するとは限らず,カビの種類により発生する場所やものが異なることが知られている.また,住環境でのカビは個々の家庭に依存した分布特異性を示す.たとえば,クラドスポリウムが著しく検出される家庭や,クラドスポリウムはほとんど検出されず,アルタナリア,フザリウム,アスペルギルスしか確認できない家庭もある.幼児のいる家庭ではユーロチウムやペニシリウムなどが多くなり,非常に湿っぽい家庭では,リゾプス(クモノスカビ,*Rhizopus*),トリコデルマ,ケトミウム(ケタマカビ,*Chaetomium*)などが多い.これらは各家庭の生活スタイルが習慣化しており,そのために起こる現象である.こうした各家庭環境でのカビ分布特異性がアレルギーなどの健康被害と深いかかわりをもつものと考えられている.

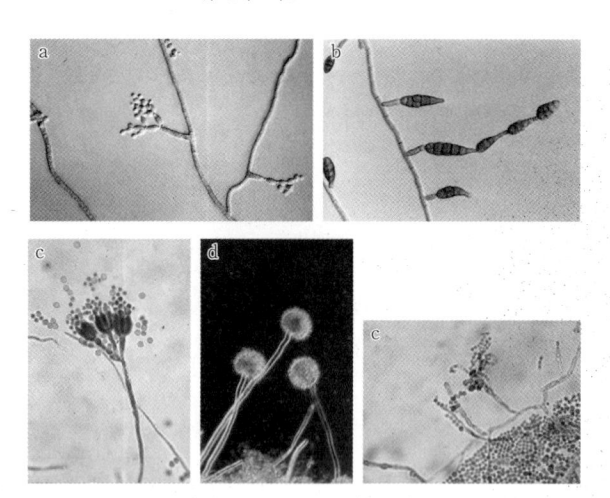

図4.3 住環境に多いカビ
a:クロカビ, b:ススカビ, c:アオカビ, d:コウジカビ, e:アズキイロカビ.

4.3 住環境に多いカビ

1) クラドスポリウム（クロカビ）

分布： 空中，ダスト，壁面，空調機，洗濯槽，靴，洗面用具，水回りなどに多くみられる代表的なカビである．もともと土壌に多く，そこから飛散し空中に分布して建物に入ってくる．

性質： 好湿性，中温性〜低温性カビである．

汚染： 湿った場所でみられる黒いカビ汚染の多くはこのカビが原因である．畳，壁，風呂，台所，プラスチック，皮革など湿っぽい場所やものに汚染する．

制御： 乾燥，熱，薬剤に弱い．

メモ： いったん汚染し始めると非常に抵抗性が強く，1回程度の薬剤処理では死滅させにくい．

2) アルタナリア（ススカビ）

分布： 空中，ダスト，壁面，植物，水回りなどに多くみられるカビである．もともと土壌や植物に多く，そこから飛散し空中に分布して建物に入ってくる．

性質： 好湿性，中温性カビである．

汚染： 湿った場所で黒く汚染する．浴室，台所，結露部などジメジメした場

所やものに汚染する．
　制御：　乾燥，熱に弱いが，薬剤，紫外線に抵抗する．
　メモ：　植物に寄生する植物病原性カビである．大型の胞子を産生する．
　3）ペニシリウム（アオカビ）
　分布：　室内空中，ダスト，壁面，空調機，衣類，靴，寝具，カーテン，畳，じゅうたん，木材，紙，皮革などに多くみられる代表的なカビである．
　性質：　耐乾性，中温性カビである．
　汚染：　乾燥と湿気がともに加わる場所で汚染しやすい．汚染ははじめは白色で，やがて緑色から黒くなる場合もある．畳，壁，皮革など湿っぽい場所やものに汚染する．
　制御：　熱，薬剤，紫外線に弱い．乾燥に抵抗する．
　メモ：　汚染し始めるとこのカビ特有の臭気を出す場合がある．
　4）アスペルギルス（コウジカビ）
　分布：　ダスト，壁面，空調機，衣類，靴，畳，じゅうたん，木材，紙，皮革，樹脂，ゴムなどにみられるカビである．
　性質：　耐乾性，中温性〜高温性カビである．
　汚染：　多少湿気が加わる場所で汚染しやすい．畳，壁，皮革などに汚染する．
　制御：　薬剤，紫外線に弱い．乾燥，熱に抵抗する．
　メモ：　汚染の代表はクロコウジカビとベルジカラー・コウジカビである．熱帯や亜熱帯系由来のカビが多い．
　5）ユーロチウム（カワキコウジカビ）
　分布：　ダスト，空調機，衣類，靴，寝具，畳，じゅうたん，木材，紙，皮革，樹脂，ゴム，ガラス，金属などにみられるカビである．
　性質：　好乾性，中温性カビである．
　汚染：　比較的乾いた場所やもので汚染しやすい．本，畳，壁，皮革，紙繊維，カメラ，眼鏡，金属，樹脂類などに汚染する．
　制御：　薬剤に弱い．乾燥に抵抗する．
　メモ：　汚染していることが確認できるまで長い期間を要する．住居内，特に省エネ住宅に多くみられるカビである．
　6）ワレミア（アズキイロカビ，*Wallemia*）
　分布：　ダスト，空調機，衣類，靴，寝具，畳，じゅうたん，木材，紙，皮革

などにみられるカビである．
　性質：　　好乾性，中温性カビである．
　汚染：　　比較的乾いた場所やもので汚染しやすい．畳，本，皮革，紙繊維など
に汚染する．
　制御：　　薬剤，熱，紫外線に弱い．乾燥に抵抗する．
　メモ：　　汚染していることが確認できるまで長い期間を要する．多くは小豆色
を呈して汚染する．

4.4　浴室とカビ

　室内で最もカビが発生しやすい場所，気になる場所についてアンケートしたところ，「浴室」と答える人が90％以上にもなった．それほど「浴室＝カビ」のイメージは強く，実際に浴室は室内で最もカビ汚染が問題となる場所である．

　カビの発育条件として，温度，湿度，栄養，酸素などがあげられるが，浴室はこの条件がそろった場所なのである．すなわち，浴室には浴槽やシャワーがあり，入浴時の湿度は100％となる．入浴後も浴室内は高湿度が続き，壁や床，浴槽，シャンプーボトル，洗面器などは濡れた状態が続く．また，洗い残されたシャンプーや石鹸かす，身体の垢や皮脂などは栄養源となり，浴室は1年中カビが発生しやすい環境となっている．

　浴室でのカビを防ぐためには，換気をして温度・湿度を下げる，壁や床などの水分をできるだけ早く取り除き乾燥させる，栄養源となる汚れを取り除くことが重要である．

図4.4　浴室のカビ
バスタブのふたに発生．浴室は室内で最もカビが問題となりやすい場所である．

図4.5　結露したサッシ
室外と室内の温度差が大きく，室内の湿度が高いほど結露は生じやすい．

4.5 結露とカビ

　結露とは，周囲の空気より温度が低い物質の表面または内部において，その物質と接する空気の温度が下がり，そこに含まれる水蒸気が凝縮して水滴ができる現象のことである．結露は室内外の温度差が大きいほど発生しやすくなるため，日本では寒冷地の住宅でよくみられる現象であった．しかしながら，近年の住宅は高気密，高断熱化が進み，各地で結露現象がみられるようになった．つまり，断熱性がすぐれるほど室外と室内の温度差は大きくなり，気密性がすぐれるほど室内の水蒸気を室外に逃すことができにくくなるため，結露が生じやすくなったのである．

　室内で結露がみられる場所は窓や壁などであるが，窓のパッキン部分や壁の下部はカビの栄養源となるほこりや汚れがたまりやすく，これに結露の水分が加わるとカビは発育し，汚染する．結露を原因とするカビのほとんどは好湿性カビであり，おもな種類はクラドスポリウム，フザリウム，アウレオバシジウム（黒色酵母様菌，*Aureobasidium*），酵母である．

　結露によるカビ汚染を防ぐためには，換気や通気により湿度を下げ，結露の原因となる水蒸気を減らすこと，結露したらすぐに水滴を取り除くこと，栄養となるほこりや汚れをこまめに掃除することなどが重要である．

4.6 季節とカビ

　日本列島は南北に細長く，形状が複雑な島国である．そのため日本の気候は地域によって異なり，いくつかの気候区に分けられるが，世界の気候でみると温帯地域の温暖湿潤気候に属し，海流や季節風の影響を強く受けるため，四季がはっきりしている．

　季節とカビの問題を考えると，真っ先に梅雨が思い浮かぶ．梅雨の語源には諸説あるが，黴(かび)が生えやすい時期の雨という意味で「黴雨(ばいう)」と呼ばれていたものが，語感が悪いため「梅雨」になったという説があるほど，昔から梅雨とカビの関係は深かったことがわかる．梅雨は季節が春から夏に移行する時期で，気温が上昇し，曇りや雨が続くため高温多湿が長期にわたって続く．室内は閉め切られ，空気の循環も悪く，じめじめした日が続くため，カビにとっては絶好の季節

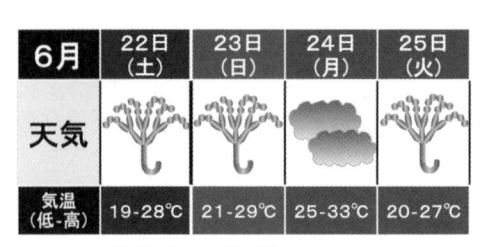

6月	22日(土)	23日(日)	24日(月)	25日(火)
天気	☂	☂	☁	☂
気温(低-高)	19-28℃	21-29℃	25-33℃	20-27℃

梅雨時にカビは発生しやすい．

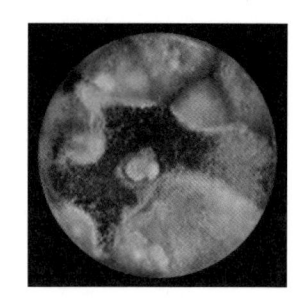

図 4.6 梅雨時のカビ
梅雨時は胞子をたくさん産生させるカビではなく，白いフワフワとした菌糸のみのカビが多く検出される．（巻頭口絵23参照）

となる．カビの胞子は発芽し，菌糸をのばし，目で確認できるほどに発育し，「カビが生えた」と認識されるのである（図4.6）．また，あまり意識されないが，秋に雨が続く秋雨の季節も梅雨と同様にカビが発生しやすい季節である．

一方，冬は気温が低く乾燥した状態が続くため，カビとは無縁の季節のように思われるが，近年カビ問題が増加している．それは，高気密，高断熱住宅が増えたこと，風邪やインフルエンザの予防や乾燥対策のために加湿器を使用する家庭が増えたことなどにより，室内の湿度が上昇し，結露も生じやすくなったためである．

このように季節とカビの関係をみると，カビ発生の代名詞でもある梅雨以外にも1年中問題となってきているのがわかる．

4.7 空気中のカビ

目に見えなくても，空気中にはカビが存在する．空気中のカビ数を測定する方法には，静穏な状態でカビ用寒天培地のふたを一定時間開放して，落下してくるカビ数を測定する落下菌法，エアーサンプラーにカビ用培地をセットし，一定量の空気を吸引してカビ数を測定する空中浮遊菌法が一般的である．どちらも生きているカビの数，すなわち生菌数を対象としているが，一般的な室内環境において，落下菌法では10分間開放で1平板あたり1～20個，空中浮遊菌法では空気 $1\,\mathrm{m}^3$ あたり2～100個のカビが検出される．

室内空気中のカビ数を測定すると，季節性があり，二峰性を示す（図4.7）．

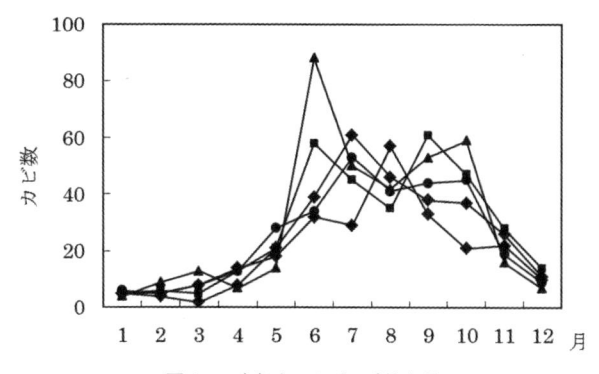

図 4.7　空気中のカビの季節変動
落下菌法により測定した結果（10 分間開放，5 枚平板の合計）

　すなわち，梅雨と秋雨の時期に多くなり，真夏と冬に少ない傾向がみられる．これは湿度と温度の影響が大きく，梅雨や秋雨の時期は室外の土壌や植物でもカビが増え，室内でもカビが発育しやすく，室内外ともに空気中に浮遊するカビ数が増加するためと思われる．

　空気中のおもなカビはクラドスポリウム，ペニシリウムであり，クラドスポリウムは，全国共通して普遍的な分布を示す．クラドスポリウムは多いばかりでなく，環境汚染の主役でもある．特に湿度の高い環境での黒色汚染の多くはクラドスポリウムである．

　一方，ペニシリウムは室内のダストから多く検出されるカビである．いったん発育して胞子を産生すると，胞子量がきわめて多く，乾燥にも強いため，空気中に生残したまま浮遊し主要な空中カビとなる．

4.8　ダスト中のカビ

　ダストとは，室内塵，ほこりのことで，繊維屑，ヒトやペットの皮屑（ふけなど），被毛，砂塵，微生物などが混ざったものである．目視でわかる程度の大きさからほとんど見えないサイズまでさまざまであり，空気中に浮遊したり，家具の上にたまったり，床の隅などに集まった状態で存在している．カビの多くは単独ではなくこうしたダストの表面や内部に付着して分布し，わずかな気流とともに空中に浮遊している．

　ダスト中には，1g あたり約 10^4〜10^7 程度のカビがいる．一般家庭に多くみら

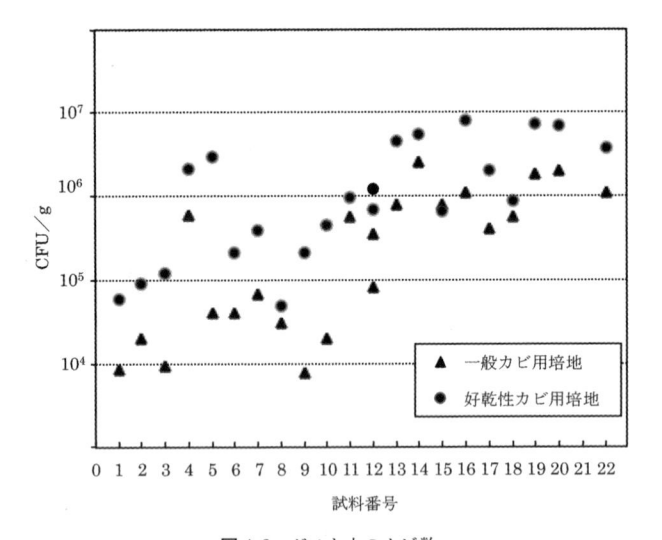

図 4.8 ダスト中のカビ数
ダスト中のカビを一般カビ用培地（ポテト・デキストロース寒天培地）と好乾性カビ用培地（M40Y 寒天培地）を用いて培養し，集落数（CFU）を計数した結果．

れる好湿性のクラドスポリウムや耐乾性のペニシリウムもダストの主要カビであるが，好乾性のアスペルギルス，ユーロチウム，ワレミアなどが多く検出されるのもダスト中のカビの特徴である．カビは，細菌や酵母と比較すると乾燥したダスト中でも長期に生残できる．しかしながら，乾燥が続くと死滅していく．つまり，ダスト中には生きたカビに限らず死んだカビも多く，このいずれもがアレルゲン（本書 6.2.1 項参照）となる．

ダスト中には非常に多くのカビが存在するため，室内にたまったダストを取り除くことがカビを減らすことにつながっていく．また，掃除機や空調機にたまったダストもこまめに捨てることが大切である．

4.9 建物とカビ

建物の築年数を 3 年未満，3〜10 年，10 年以上に分けてカビの種類を比較すると，3 年未満では好湿性カビを中心に種類も多種多様である．一方，3〜10 年および 10 年以上になると好乾性カビが検出されたり，種類が特定のものに限られる傾向がある．この理由として，新築では建材に付着していたカビやコンクリー

トや壁紙の乾き具合など建物自体の影響があること，築年数が進むと生活スタイルが定着し，それに応じたカビが増加し，各家庭において特異的な分布を示すためと思われる．もちろん，築年数が進んでも浴室や台所のような水回りでは好湿性カビが多い．

建物の床材はフローリング（木質系床材），クッションフロア（合成樹脂系床材），コルク，畳，カーペット，石，タイルなどさまざまなものがある．床の一定面積あたりのカビ数をみると，ダストが残りやすい畳やカーペットなどで多く，ダストが残りにくいフローリングやクッションフロアなどでは少ない傾向がある．しかし，床から収集した同じ重量のダストを比較すると，カビ数に大きな差はみられない．すなわち，床におけるカビ数はダスト量の影響が大きく，床材のダストの取れやすさが大きく影響していることがわかる．床のカビ汚染は吸湿性のあるカーペットや畳，古くなった木床などでみられ，耐乾性のユーロチウムや好乾性のペニシリウムなどが原因であることが多い．しかし，結露，万年床など長期間濡れた状態や高湿度が続くと好湿性のカビ，特にクラドスポリウムによる汚染がみられる．

4.10 電化製品とカビ

生活環境の変化とともに電化製品を活用する機会が多くなった．それにあわせて電化製品の機能も複雑化し，便利さがある半面，カビによる事故も少なくない．

洗濯機は複雑な形状をしているためカビが問題となりやすい．特に洗濯槽の裏側は洗剤かすや皮脂，繊維などの汚れがこびりつきやすく，湿度も高いためカビが発育しやすい．また，糸くずフィルターも定期的に汚れを取り除かないと内部でカビが発育していることがある．近年，洗濯機のカビが注目され，洗濯槽洗浄剤の普及や汚れやカビがつきにくい洗濯槽の素材や構造，機能が開発され，洗濯乾燥機も普及したため，カビ問題は改善されつつある．

エアコンは内部のフィルターにほこりがたまりやすく，熱交換器にも汚れや水分がつきやすいため，カビが問題となる．おもな使用期間が夏と冬であり，次の使用時期を迎えると，カビ臭がするということがよくある．カビは汚れや水分があると発育しやすく，そのまま放置すると内部にカビが発育し，エアコンの風とともに臭いや胞子を拡散させることになるため，よく清掃することが大切であ

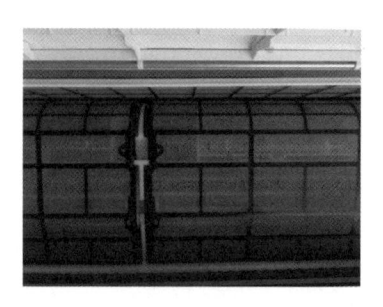

図 4.9　ほこりのたまったエアコンのフィルター

る．最近はエアコン本体にフィルター掃除機能や熱交換器の洗浄機能，内部の乾燥機能などが付加され，カビが問題となりにくい製品が普及している．

　加湿器は，冬期の乾燥対策や風邪，インフルエンザの予防のために使用することが多い．加湿することで，室内の湿度を上昇させ，結露を発生させやすくするため，カビが問題となる．また，加湿器本体も水を入れたまま長期間放置したり，使用期間が長くなると，タンクの内部や水受け部分にカビが発育することがあるので注意が必要である．

　冷蔵庫もカビが問題となる．温度が低くてもカビは死滅せず生存し，ゆっくりと発育する．特に自動製氷機は給水タンクや給水経路，製氷皿にカビが発育しやすく，氷にカビが混じっていたという事例もある．温度が低いからといって安心せず，給水タンクの水はこまめに取り替え，取り外しができるものは定期的に洗浄することが大切である．

　本来，清潔や快適性，健康を維持するための電化製品がカビを発生させることがあってはならない．そのためのメンテナンスが重要である．

4.11　ペットとカビ

　近年，住宅内でペットを飼育する家庭が増えており，種類もイヌやネコ以外に小型の哺乳類や爬虫類など多種多様である．これらのペットは概して清潔に飼育されており，衛生的に問題になることは少ないが，動物から人に，人から動物に感染する病気があることも知っておく必要がある．

　これらは「動物由来感染症（zoonosis：ズーノーシス，人獣共通感染症）」と呼ばれ，世界保健機関（WHO）では「脊椎動物と人との間で自然に移行するす

べての病気または感染症」と定義している．動物由来感染症の病原体にはウイルス，細菌，寄生虫，プリオンなどさまざまなものがあるが，この中に真菌（カビ）も含まれており，カビが引き起こすおもな感染症は皮膚糸状菌症である（本書6.2.2項参照）．

皮膚糸状菌症はケラチンを好むカビが人や動物の角質層，毛，爪などに寄生して起こる病気である．感染すると脱毛やふけ，かさぶた，かゆみなどがみられる．感染経路は主として接触感染であるため，ペットが病原体をもっている可能性があることを念頭におき，過度な触れ合いには注意する必要がある．また抜け落ちた毛やふけからも感染する可能性があるので，室内の掃除もこまめにすることが大切である．

4.12　昔と今 －カビの姿は変わったか－

昔の日本の住宅は，冬は寒いが夏は涼しい隙間風の通る構造であった．夏の風向きに合わせて窓を設けたり，壁ではなく障子や襖（ふすま）などの建具で部屋を仕切り，これらの建具を開けることで風通しをよくしたり，屋根には高窓を設け，煙や室内の暖まった空気を外に逃したりする工夫がなされていた．風通しがよい，湿気がこもらないということはカビが発育しにくいことにつながる．昔の住宅は自然とそれがなされていたのである．

一方，近年の住宅は高気密，高断熱が重視され，部屋も壁で仕切られ独立した空間となった．また住宅事情や防犯のため窓を開け放つ時間は少なくなり，洗濯物は室内で干す家庭が多くなった．そのため室内の風通しは悪く，湿気がこもりがちになり，浴室や台所などの水回り以外にも思いもよらないところにカビが発生するという問題が季節を問わずみられるようになった．

カビ本来の姿は昔も今も変わらないが，人が快適性を求めるあまり住宅でのカビ問題は大きくなった感がある．カビを完全に排除することは不可能である．しかし，建材や電化製品，洗浄剤，抗カビ剤などの性能や技術は向上し，生活者もあらゆるメディアから情報を得られるようになった．これらをうまく利用しながら，過度に潔癖にならず，カビとうまく共生しながら快適な生活を送っていただきたい．

（高鳥浩介・田中真紀）

Column 6　空中のカビはどのくらいいると危ないか

　カビについて考える際，通常ほとんど意識されない要件に「空間」がある．生きていくために必要不可欠なものとして「食べ物」は誰もが考えるが，それ以外に，この「空間」にある空気もなくてはならない．空気中にカビがどの程度いるかはよく調べられており，本書中にもデータが記されているが，それでは空中に浮遊するカビがどれほどいたら人体に危害を及ぼすのであろうか．

　呼吸とカビの関係をみてみよう．呼吸が1分間に15～20回ほど，1回の吸気200～300 mLと仮定しよう．すると1分間で3～6 L，1時間でおよそ300 Lになる．一方，空気中のカビは季節や場所により異なるが，仮に1 m^3 あたりカビが100個存在すると1時間に30個，500個存在すると150個，1000個存在すると300個のカビを吸引することになる．筆者らの今までの調査によれば，室内での空中浮遊カビ量はおおむね1 m^3 あたり数百個程度である．もちろん季節により100個以下もあれば1000個以上になるときもある．

　空中のカビはこれくらいが危険，とする数値は現時点で規定することができないが，1 m^3 あたり1000個を超えると多少量的に多いかなという感じがする．もちろん健康被害とのかかわりをみるにはより詳細な基礎研究や臨床的な解析が必要になるが，①その環境の空気が短期的ではなく常に高汚染している，②生活の場として多くの時間を過ごす場が高汚染している，③特定のカビが優勢である，④いわゆる日和見感染カビが偏ってみられる，⑤時間帯によって高汚染する，⑥ほこりが多く容易に飛散するなどカビが発生しやすい環境である，といった状況がみられる場合は，空中浮遊カビの危険性を考慮する必要があろう．

第5章 衣のカビ

5.1 どのような衣類にカビが多いか

　カビが多く発生する衣類は，天然繊維の木綿製品，絹製品，ウール製品などである．つまり日常頻繁に使用するタオル，下着，ワイシャツ，ブラウス，セーター，背広，スカーフ，スカート，ジャケット，着物などあらゆる天然繊維製品である．特に汚れが付着した製品，保存状態が悪く水を吸った製品，洗濯洗いを長期繰り返した製品などでよく発生する．繊維組成の基質が，カビの栄養源になりやすいためである．

　繊維には天然繊維と化学繊維がある（表5.1）．天然繊維は天然原料から採取され，綿花，麻などの植物性繊維，毛，絹などの動物性繊維，蛇紋石などの鉱物繊維がある．化学繊維は化学的手法によって作られた繊維で，原料と製造方法によって再生繊維（天然原料を一度溶解し繊維状にしたもの），半合成繊維（天然繊維を化学変化させて繊維構造にしたもの），合成繊維（合成化学的に作られた原料を使用し繊維にしたもの），無機繊維（金属，ガラス等の無機物で作り繊維にしたもの）がある．

　カビは酸素，温度，湿度とわずかな栄養源があれば発育する．他の微生物のように多くの条件は必要ない．天然繊維には，カビが発育するための栄養源が合成繊維に比べ利用されやすい形で存在する．そのため，合成繊維よりも天然繊維の方がカビの発生が多い．

5.2 繊維の構造

　天然繊維の構造は，原料により異なり，それぞれの性質も異なる（表5.2）．

表 5.1 繊維の分類と種類（化学せんい e-book より引用改変）

分　類		種　類
天然繊維	植物繊維	綿
		麻
	動物繊維	絹
		毛（羊毛ほか）
	鉱物繊維	蛇紋石（アスベスト）*
化学繊維	合成繊維	ポリエステル
		アクリル
		アクリル系
		ナイロン
		ビニロン
		ポリプロピレン
		ポリ塩化ビニル
		ポリエチレン
		ビニリデン
		ポリウレタン
		その他の合成繊維（アラミド，ポリ乳酸など）
	再生繊維	レーヨン
		ポリノジック
		キュプラ
		その他の再生繊維（リヨセルなど）
	半合成繊維	アセテート
		トリアセテート
		プロミックス
	無機繊維	ガラス
		金属繊維
		炭素繊維

＊：現在は健康被害の報告があり使用は認められていない．

　木綿の繊維構造は，中空の管の上を取り囲む厚さ $0.4\,\mu m$ の 2 次細胞膜といわれるフィブリル層（セルロース＝グルコースが β-1.4 結合したものよりなる），表面がペクチンやロウで覆われた厚さ $0.1\,\mu m$ の 1 次細胞膜と呼ばれる表皮から構成されている（図 5.1）．

　蚕（カイコガ）によってつくられた絹糸（繭糸）は，太さ $10\,\mu m$ 程度の三角断面をもつ 2 本のフィブロイン繊維（グリシン，アラニン，セリンなどのアミノ酸よりなるタンパク質）をセリシン（セリン，スレオニン，アスパラギン酸などのアミノ酸よりなるタンパク質）で覆った複合構造である．フィブロイン繊維は直径 $1\,\mu m$ のフィブリルよりなり，フィブリルはさらに直径 $10\,nm$ の細いミクロフィブリルから構成されている（図 5.2）．

　羊毛の基本単位は疎な構造でシステイン含有量の多いタンパク質を含むパラコ

5.2 繊維の構造

表5.2 繊維の一般的比較（鑑別のための性質）（JIS 規格より一部引用改変）

		綿	絹	毛	ナイロン	ポリエステル
燃焼試験	炎を近づけるとき	炎に触れるとただちに燃える.	縮れて炎から離れる.	縮れて炎から離れる.	溶融する.	溶融する.
	炎の中	燃える.	縮れて燃える.	縮れて燃える.	溶融して燃える.	溶融して燃える.
	炎から離れたとき	燃焼を続け, 非常に速やかに燃える. 残照がある.	羊毛に似ているが, ややひらめいて燃える.	困難ながら燃焼を続け, 燃えるに伴って縮む.	燃焼を続けない.	燃焼し続ける.
	におい	紙の燃えるにおい	毛髪の燃えるにおい	毛髪の燃えるにおい	アミド特有のにおい	非常に甘いにおい（弱い）
	灰	非常に小さく柔らかくて灰色	黒く膨れ上がり, もろく容易につぶれる.	黒く膨れ上がり, もろく容易につぶれる.	硬く焦茶色から灰色のビーズ	硬く丸い黒色
塩素の有無		なし	なし	なし	なし	なし
窒素の有無		なし	あり	あり	あり	なし
顕微鏡	側面	へん平なリボン状で, 全長にわたり天然よりがみられる.[*1]	表面は滑らかで変化がない.	うろこ片がみられる.	表面は滑らか	表面は滑らか
	断面	そらまめ形, 馬てい形など種々のものがあり[*2], 中空間部分がある.	三角形	円形のものが多い.	円形のものが多い.	円形のものが多い.
ヨウ素反応		着色せず[*3]	淡黄色	淡黄色	焦茶色	着色せず
キサントプロテイン反応		なし	あり	あり	なし	なし

[*1]：マーセル化綿ではよりは少ない, [*2]：マーセル化綿では丸くなる, [*3]：マーセル化綿は淡い青色.

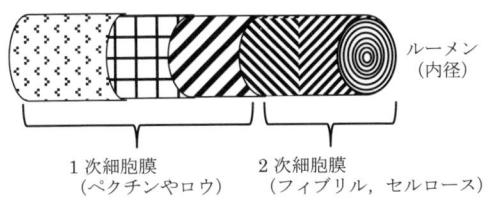

図5.1 木綿の繊維構造（『はじめて学ぶ繊維』より引用改変）

ルーメン（内径）
1次細胞膜（ペクチンやロウ）
2次細胞膜（フィブリル, セルロース）

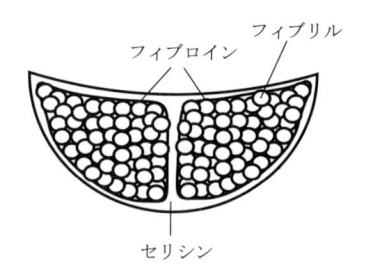

図5.2 繭糸の繊維構造（『はじめて学ぶ繊維』より引用改変）

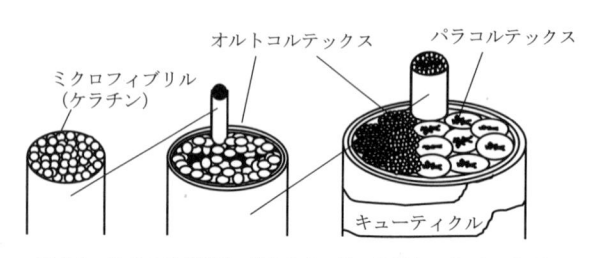

図5.3 羊毛の繊維構造（『はじめて学ぶ繊維』より引用改変）

ルテックスと，密な構造でシステイン含有量の少ないタンパク質を含むオルトコルテックスからなり，ぎっしりと皮質細胞に包み込まれている（図5.3）．

　化学繊維の基本的な構造は，軸の方向に並んだ分子が互いにそろい，結晶になっている部分と結晶になっていない部分が交互に並んだ直径10nm程度の棒状構造（ミクロフィブリル）である．ポリエステルはエステル基という化学構造をもつ高分子の総称で，ペットボトルの原料もこの一種である．ナイロンはアミド基という化学構造をもつ高分子の総称で，ストッキングなどに使われる．

5.3　クリーニングしても安心してはいけない

　クリーニング業者に衣類を渡すと，業者は専用溶剤を使用して温度を上手に管理し，汚れを落とし整形してくれる．しかし，家庭での洗濯・プロによるクリーニングにかかわらず，汚れを落とす際には衣類に何らかのダメージを与えている．

　有機溶剤を用いるドライクリーニングでは，油性の汚れは落ちるが水溶性の汚れは落ちない．したがって，人が衣類を汚す最大の原因である水溶性の汚れ，つ

まり汗，尿，血液の汚れ，泥はねなどは落とすことができない．この水溶性の汚れが落ちていないことが原因で，黄ばみ・色あせ・異臭・風合いの劣化が生じる．一方，水を使用するウェットクリーニングでは，油汚れが落ちにくく縮みが生じ衣類の劣化が起きる．クリーニング直後は目視にはまったく汚れの付着がなくても，半年ほど保管しているといつの間にか染み・黄ばみ・色あせが生じていた経験はないだろうか？　目視では確認できなかった汚れの残留物が，保管することによって浮き出してきた結果である．このような繊維に付着した汚れと温度・湿度など条件がそろうと，カビは発育を開始する．クリーニングしたから，洗濯したからといって安心してはいけない．

なお，クリーニング後の保管には外装のビニールを取り除き，湿度の少ない環境に保存するとよい．クローゼットに換気扇があれば空気の流れをつくるために作動させておく．押し入れは，梅雨の時期などは，両扉5cm程度開け空気の流れをつくる．または1週間に1回長時間扉を開放するなど，湿度や空気がこもらないように配慮することは，カビ汚染防御に重要である．

5.4　衣類にカビが生える仕組み

カビが生えるにはいくつかの環境条件がそろう必要がある．つまり，酸素，温度，湿度とわずかな栄養分があれば，早いカビで1〜3日，遅いカビでも7日後には目視できるほど十分発育する（図5.4）．

微生物の発育には，一般に炭素源（単糖，スクロースやマルトースなどの二糖，アルコール，有機酸，脂肪酸など），窒素源（アミノ酸，核酸，アンモニウム塩，硝酸塩など），無機塩類，ビタミン類，酸素，温度，光線，圧力，浸透圧，水分，pHなどが必要で，その条件は微生物ごとに異なる．他の微生物に比べる

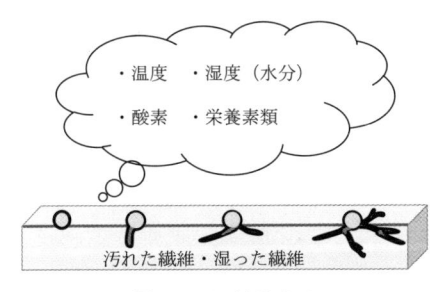

図5.4　カビが生える

```
カビ多い                                           カビ少ない
←――――――――――――――――――――――――――→
        木綿    シルク   ウール   ポリエステル   ナイロン
        アオカビ
            クロカビ
              好乾性コウジカビ
                アカカビ
   汚れ
  (汗・脂質)    アズキイロカビ
                カワキコウジカビ
```

図 5.5 衣類に付着しやすいカビ

とカビは多様な物質（基質）を栄養源にでき，酸素と温度と湿度の条件が適すれば発育可能な生命力の強い微生物であるといえる．

　綿，絹，毛，ナイロン，ポリエステルの5生地にそれぞれカビ胞子を噴霧し，発育可能な酸素，温度，湿度のみの条件下で生地に対する発生状況を調べると，これらの生地のみを栄養源としてカビが発育できることがわかった．発育速度は天然繊維で速く，綿，毛，絹の順であった．一方，ナイロンとポリエステルのカビ発育速度はそれらより遅く，目視できるまでに1ヶ月以上を要した．衣類の繊維素材は原材料により異なるが，微生物が利用しやすい糖質，アミノ酸などを主成分とした生地ほど早くカビは発育する（図5.5）．水分と栄養分の条件によっては発育菌種（好乾性カビ，耐乾性カビ，好湿性カビ）が限られ，生地へのカビ汚染がみられない場合もある．衣類そのものは水分が少ないため，収納内の湿度など，長期間の保管条件が影響する．また発育速度も種類によって差が認められる．

5.5　汗，脂質とカビの発生

　汗の成分は水とミネラル（おもにナトリウム），尿素，乳酸などである．ヒトの皮膚は皮脂膜（皮脂（油分）と汗（水分））によって保護され，肌の水分保持を担っている．衣類は皮膚と密着しているので，汗や皮脂膜，古くなった皮膚組織などが衣類に付着しやすい．汗や脂質，皮膚組織などはカビには好適な栄養源であるため，この状態で温度・湿度の好条件下にさらされれば1週間程度でカビの発生をみることになる．洗濯を毎日しても，こまめにクリーニングしても，少しずつ汚れは残存していく．

ユーロチウム（カワキコウジカビ）はかつお節生産に欠かせないカビである．このカビは菌体外酵素のリパーゼを産生し，かつお節中の魚臭やだし汁の濁りの原因である脂質を脂肪酸に分解する．またこのカビにはほかにも多くの酵素生産性が知られ，その中には衣類の繊維を分解するセルラーゼも含まれる．よって，かつお節中の脂質ではなく衣類の油汚れにとりついた場合には，有用菌ではなく衣類を劣化させる悪役へと変ぼうする．

5.6 衣類のカビ

長期間使用している衣類にいつの間にか黒い斑点が生じているのをよく見かける．洗濯しても黒い斑点は日に日に増していく．そんな衣類に付着したカビの事例の生地を顕微鏡で観察すると，繊維に絡みつくように菌糸がのびているのがわかる（図5.6）．白い衣服は漂白できるが，色や柄のある衣服の漂白はなかなか難しい．漂白に最も効果があるのは次亜塩素酸ナトリウムである．過酸化水素系の洗剤には殺菌効果が認められるが，漂白効果は次亜塩素酸ナトリウムに比べるとかなり劣る．

繊維に分布するカビの種類には，アブシジア（ユミケカビ，*Absidia*），ムーコル（ケカビ，*Mucor*），ビソクラミス（*Byssochlamys*），ケトミウム（ケタマカ

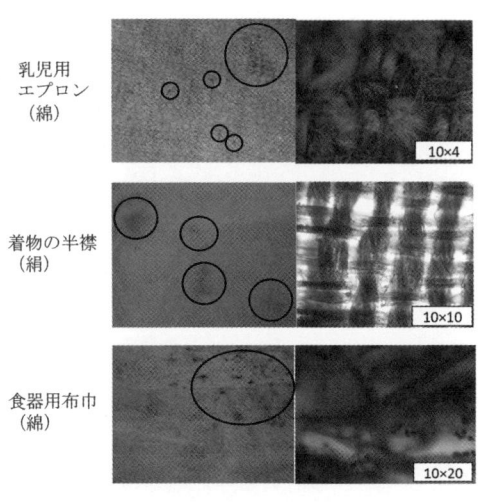

図5.6 繊維のカビ

ビ，*Chaetomium*），エメリセラ（*Emericella*），ユーロチウム（カワキコウジカビ，*Eurotium*），ネオサルトリア（*Neosartorya*），アクレモニウム（*Acremonium*），アルタナリア（ススカビ，*Alternaria*），アースリニウム（アースリナム菌，*Arthrinium*），アスペルギルス（コウジカビ，*Aspergillus*），クラドスポリウム（クロカビ，*Cladosporium*），カーブラリア（*Curvularia*），ドレクスレラ（*Drechslera*），エピコッカム（*Epicoccum*），フザリウム（アカカビ，*Fusarium*），ゲオトリクム（ミルク腐敗カビ，*Geotrichum*），ミロテシウム（*Myrothecium*），ニグロスポラ（*Nigrospora*），ペシロマイセス（*Paecilomyces*），ペニシリウム（アオカビ，*Penicillium*），スコプラリオプシス（*Scopulariopsis*），トリコデルマ（ツチアオカビ，*Trichoderma*），トリコテシウム（*Trichothecium*），ウロクラジウム（*Ulocladium*），エクソフィアラ（*Exophiala*），ワレミア（アズキイロカビ，*Wallemia*）など多種類にわたる．特に通常，衣類の保管時には基本的に乾燥しているため，耐乾性カビや好乾性カビが発育しやすい．しかし，好湿性カビが発育しないわけではなく，図5.6下段の食器用布巾の例のように，乾燥不十分な保管をしている布巾を継続的に使用すると，クラドスポリウムのような好湿性カビも十分発育しうる．このほか，好湿性カビも十分に発育できる環境の身近な例は，長期使用のタオルや下着などである．また，洗濯回数の増加，洗濯槽の汚れ（カビ汚染）があると，タオルや下着の繊維の劣化が生じカビが生えやすくなる．こうした要因が時間の経過とともにさまざまに重なり，ある日黒い染み模様に気がつくことになる．図5.6中段の着物のカビは，長期保管時に生じた事例である．使用後にはクリーニングを行っていたが，目視では確認できなかった汗，脂質などの汚れが繊維に残存付着していたため，保管中に好乾性カビが発育したものと思われる．衣類の保管方法には汚れをできるだけ落とすこと，温度・湿度などの十分な配慮が必要である．

（村松芳多子）

引用文献

1) 信州大学繊維学部編：はじめて学ぶ繊維，日刊工業新聞社（2011）
2) 繊維学会編著：やさしい繊維の基礎知識，日刊工業新聞社（2004）
3) 日本化学繊維協会編：化学せんい e-book, p.4, 日本化学繊維協会
4) 日本規格協会：JISハンドブック 31 繊維，日本規格協会（2011）
5) 高鳥浩介監修：かび検査マニュアルカラー図譜，テクノシステム（2002）

6) 高鳥浩介・村松芳多子：カビとは．月刊せんい，**63**(12)：650-655（2010）

🦠 *Column 7* **着るほど使うほどカビは生えない** 🦠

　日常生活でカビの生えてくる姿をみてみよう．

　結婚して家庭を持ち，子供が生まれると，毎日のように洗濯に追いかけ回される日々が続く．その衣類にカビはほとんど生えてくることはない．一方，洗濯はしたものの押入れやタンスにずっとしまっておいた衣類をしばらくぶりに取り出したら，カビ臭がする．背広やズボンも，日をおかず使っている分にはカビに気づかないが，礼服のようにしばらくぶりに取り出したところ，白く汚れていることがある．

　眼鏡をかけている人はそれなしで生活できないから，睡眠や入浴を除くほとんどの時間，身につけている．その眼鏡にカビは生えない．ところが使わないで机の引き出しにしまっておいたところ，レンズに白いひも状の姿があちこちに．

　日常的に履いている靴は，磨く，汚れを取るなどして長く使うが，カビが生えることはほとんどない．一方，大事に靴箱に入れたまま置いた革靴を取り出したところ，白く粉が点々として広がっている．

　浴室や洗面所にはシャンプー，石鹸，歯ブラシ，スポンジなどが置かれている．日頃使っている分にはほとんど問題ないが，しばらくぶりに取り出して使おうとしたら，黒く汚れカビだらけになっていたり，ぬるぬるしていたりする．

　このように私たちは，身の回りの用品に，使用頻度の差によってカビが生えたり生えなかったりすることをよく経験する．なぜこのようなことが起こるのだろうか？　それは，かびの生え方と時間が関連している．カビは，発芽して菌糸を出し，さらにものに侵入するまでの時間がやたらと長い．そのため，日頃使うものではカビは落ち着いて生えている余裕がなく，逆に使わないで長い期間しまっているものではじっくりと時間をかけて生えることができるのである．

　よって，普段収納にしまってあるようなものでも，時々は取り出して適度に使うか洗うなどした方が，カビの被害を軽減するという点では好ましい．

第 6 章
カビによる被害

6.1 ものや環境の害

6.1.1 食品の腐敗・変敗

　微生物は自然界に広く分布しており，私たちが生活している地球上には約数十万種から数百万種ともいわれる無数の微生物が生息している．私たちは，微生物といろいろなかかわりをもち生活しているが，特に日本では味噌，醤油，清酒などの製造に昔から発酵という過程でカビが用いられている．しかし，カビや細菌のフレーズから「食べ物を腐らせる微生物」とイメージされがちである．現に，食品をそのままにしておくと変化し，いずれは食品としての価値がなくなってしまう．この食品の悪変は大きく分けると，生物学的変化と非生物学的変化に分類することができる．食品は炭水化物，タンパク質，脂質，無機質，ビタミンなど

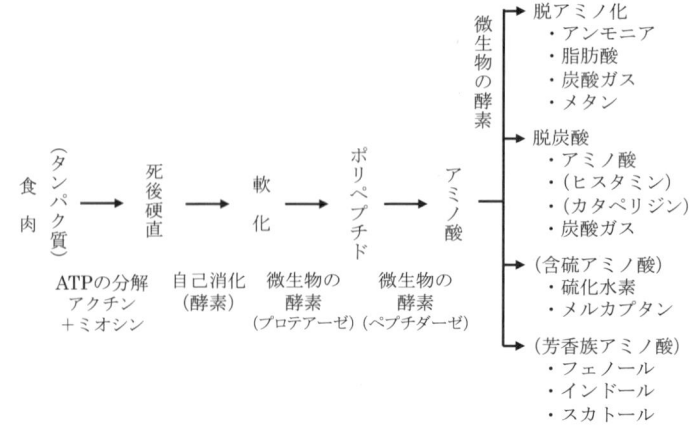

食肉（タンパク質） → 死後硬直 → 軟化 → ポリペプチド → アミノ酸 → 微生物の酵素

- ATPの分解 アクチン＋ミオシン
- 自己消化（酵素）
- 微生物の酵素（プロテアーゼ）
- 微生物の酵素（ペプチダーゼ）

微生物の酵素 →
- 脱アミノ化
  - ・アンモニア
  - ・脂肪酸
  - ・炭酸ガス
  - ・メタン
- 脱炭酸
  - ・アミノ酸
  - ・（ヒスタミン）
  - ・（カタペリジン）
  - ・炭酸ガス
- （含硫アミノ酸）
  - ・硫化水素
  - ・メルカプタン
- （芳香族アミノ酸）
  - ・フェノール
  - ・インドール
  - ・スカトール

図 6.1　タンパク質の腐敗メカニズム

さまざまな栄養成分からできており，加工や保存中に徐々に分解して変質をきたすという過程を経る．

食品は生産現場あるいは加工，流通過程で微生物汚染を受ける機会が多い．食品の腐敗は，微生物の増殖によってタンパク質が変質することで起こる現象である（図6.1）．食品は微生物の増殖に必要な栄養を含んでいるので，微生物が繁殖しやすい環境では腐敗が起こりやすい．腐敗は脱炭酸反応，脱アミノ反応や還元によって引き起こされる．これに対して，タンパク質以外の糖質や脂質が分解した場合は変敗と呼ばれるが，厳密には同時進行することが多くはっきりした区別はない．

6.1.2 食品のカビによる変色

食品に微生物が発育すると，特有の色調を呈することがある．これは，菌体または胞子自身の色か，あるいは菌体外に分泌された色素によって食品を着色することで起こる（色素含有菌，色素排泄菌，色素沈着菌）．また，菌の酵素によって生産物がさらに食品成分と反応して食品の色を変化させることもある．これらのカビの色素（表6.1）は，細胞壁に多く含まれている．カビの赤，黄，橙，

表6.1 カビの色素と産生するカビ

色素名	カビ	色
アントラキノン誘導体		
Vesicolorin	Aspergillus versicolor	橙黄色
Islandicin, Skyrin, Rubroskyrin	Penicillium islandicum	暗赤色
Rugulosin	P. rugulosum	黄　色
ポリハイドロキシアントラキノン	Gibberella fujikuroi	紫赤色
アントラキノン系色素	Trichophyton rubrum	赤　色
ナフトキノン誘導体		
Fumigatin	Fusarium solani	赤　色
Flaviolin	A. citricus	暗紅色
ベンゾキノン誘導体		
Fumigatin	A. fumigatus	栗　色
Spinuloain	A. fumigatus など	紫黒色
Oosporein	Oospora colorans	赤褐色
カロチノイド		
β-カロチン	Monilia sitophila	柿　色
その他の色素		
Physcion	A. glaucus	橙黄色
Erythroglaucin	A. glaucus	暗赤色
Aspelein	A. elegans	暗赤色
Rubrofusarin	Gibberella zeae	赤　色

表6.2 カビによる食品の着色, 変色

色調	食品の種類と様相	原因カビ
黄色〜橙色	卵の黄色小斑点	*Penicillium*
	バターの黄, 橙斑点	*Oospora*
	黄変米	*P. citrinum, P. islandicum*
褐色	加糖練乳の褐色斑点	ある種のカビ
	バターの褐色部位発生	*Phoma, Alternaria*
赤色〜ピンク	バターの淡赤〜ピンク部分	*Fusarium culmorum*
	卵のピンク斑点	*Sporotrichum*
	生めん(包装めん)のピンクの斑点	*Fusarium*
	赤パン	*Monilia sitophila*
緑色	卵の緑色小斑点(殻の内部にも発生)	*Penicillium*
	卵の黒緑色斑点	*Cladosporium*
	バターの緑色化	*Penicillium*
青色	卵の青色小斑点	*Penicillium*
黒色	卵の黒色斑点	*Cladosporium*
	バターの黒色(まれに緑色)部分	*Alternaria, Cladosporium*
	黒色パン	*Oidium*

紫, 緑などの色素はキノン(アントラキノン, ナフトキノン, ベンゾキノン)誘導体, カロチノイド系やキサントンが主である. カビが原因で起こる食品の変色例を表6.2に示した.

酵母による食品の赤変色は, おもにカロチノイド系色素を有する赤色酵母のロドトルラ(*Rhodotorula*)によるものと, カンジダ(*Candida*)による鉄を含んだアントシアン系の赤い色素の変色を呈すものがある.

6.1.3 カビの臭気

「におい」を感じさせる物質は, 20万種類あるいは40万種類にも及ぶといわれている.「におい」の記述用語をおおまかに整理したものが表6.3であるが, その中でカビが産生するにおいの物質は「カビ臭」として分類されている. また,「におい」の中で人間にとって不快なものを「臭気」といい, その感じ方を「臭い」と表現しているが, その区分においてもカビにかかわる場合は, 表6.4に示すように「かび臭」として集約されている.

近年では単に不快というだけではなく, 屋内においてカビ特有の臭気成分である生物由来揮発性有機化合物 (microbial volatile organic compounds: mVOCs) が健康被害を生じる原因として考えられるようになっている. 以下では, 食品, 水および室内における健康影響原因となっているカビ臭の発生機序とそれらの化

6.1 ものや環境の害

表6.3 においの記述用語

1 硫黄臭	15 あたたかい臭	29 じゃ香のような匂
2 動物臭	**16 カビ臭**	30 樟脳のような匂
3 油っぽい匂	17 甘い匂	31 青くさい臭
4 煙っぽい匂	18 酸っぱい匂	32 生肉のような匂
5 薬味のような匂	19 エーテル臭	33 皮のような匂
6 ハッカのような匂	20 腐敗臭	34 キノコのような匂
7 生臭い匂	21 重い匂	35 消毒薬臭
8 薬品臭	22 軽い匂	36 樹脂臭
9 焦げた匂	23 ミカンのような匂	37 麻酔性の匂
10 花のような匂	24 モモのような匂	38 澄んだ匂
11 ニンニク臭	25 金属性の匂	39 濁った匂
12 芳香性の臭	26 ゴム臭	40 糞尿のような匂
13 森林臭	27 ほこりっぽい匂	
14 刺激臭	28 ロウのような匂	

表6.4 臭気の種類

区分	種類	説明
芳香性臭気	芳香臭	香ばしいにおい
	薬味臭	屠蘇あるいは漢方薬店のにおい
	メロン臭	よく熟れたメロンのにおい
	すみれ臭	すみれの花のにおい
	にんにく臭	にんにくのようなにおい
	きゅうり臭	よく熟れたきゅうりのにおい
植物性臭気	藻 臭	藻の腐ったようなにおい
	青草臭	草の蒸れたにおい，草をもんだときのにおい
	木材臭	かんな屑，おが屑の蒸れたにおい
	海藻臭	海藻の乾燥しかかったときのにおい
	わら臭	麦わらのようなにおい
かび臭・土臭	土 臭	土臭いにおい
	沼沢臭	湿地のにおい
	かび臭	**かび臭いにおい**
ぐさ・生臭	魚 臭	魚屋で感じるにおい
	生ぐさ臭	生ぐさいにおい
	はまぐり臭	動物性の磯臭いにおい
薬品性臭気	フェノール臭	フェノール，クレゾールなどのにおい
	タール臭	コールタール，アスファルト，ピッチなどのにおい
	油様臭	石油系物質のにおい
	油脂臭	グリース，その他油脂のにおい
	パラフィン臭	ろうそくの消えたときに感じるにおい
	硫化水素臭	卵の腐ったようなにおい
	塩素臭（カルキ臭）	塩素水で感じるにおい
	クロロフェノール臭	ヨードホルムのようなにおい
	その他薬品臭	各種の化学工場内で感じるにおい
金属臭	金気臭	鉄を主体としたにおい
	金属臭	銅，亜鉛を主体としたにおい
腐敗性臭気	厨茶臭	台所屑を集めたときに感じるにおい
	下水臭	どぶ臭いにおい
	豚小屋臭	豚小屋の近くや動物園などで感じるにおい
	腐敗臭	有機物の腐りかかったにおい

学物質について述べる.

a. カビの臭気に関する基準

現在わが国においてカビの臭気に関する環境基準というようなものはほとんどなく,唯一水道法における水質基準において,カビ臭を2種類の化学物質(ジェオスミン:水質基準値 0.00001 mg/L 以下であること,2-メチルイソボルネオール:水質基準値 0.00001 mg/L 以下であること)として定めている以外には,臭気強度(threshoed odor number:TON)などの広範囲な基準値になっているのが現状である.食品衛生法においては,カビ臭の化学物質が基準値(暫定値)となっているものはない.

一方,建築物環境衛生管理基準の改正後,空気環境の調製に関する基準では,7項目の管理基準が設定され,化学物質の室内濃度の指針値も策定された.その指針値の中で,カビ臭に関連する化合物名は「総揮発性有機化合物」(暫定目標値)となっている.また,悪臭防止法の「特定悪臭物質22種」やにおい環境指針の策定による「臭気環境目標」と「かおり環境目標」で提示されている化学物質は,カビ臭を鑑みて値を直接策定したものではない.

b. カビ臭の発生機序と嗅覚閾値

カビが産生する臭気物質は,メバロン酸回路を経由して,テルペン系の有機化合物やアルコール類がカビから産生されている(図6.2〜6.4).

近年では,臭気物質の分離分析技術が発達したことから,表6.5(p.71)に示すように各菌の臭気成分を分離することができるようになった.この中には,1966年 Engel らによって初めてカビ臭を有する食品(鶏肉,鶏卵)汚染で問題となった塩素化アニソール類(2,4,6-trichloroanisole)などもある.

ヒトの嗅覚は非常にすぐれたものであるので,におい物質の閾値(いき)は ppm

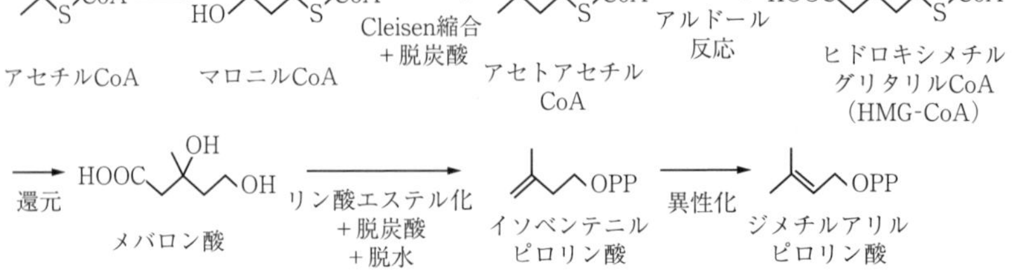

図6.2 メバロン酸回路

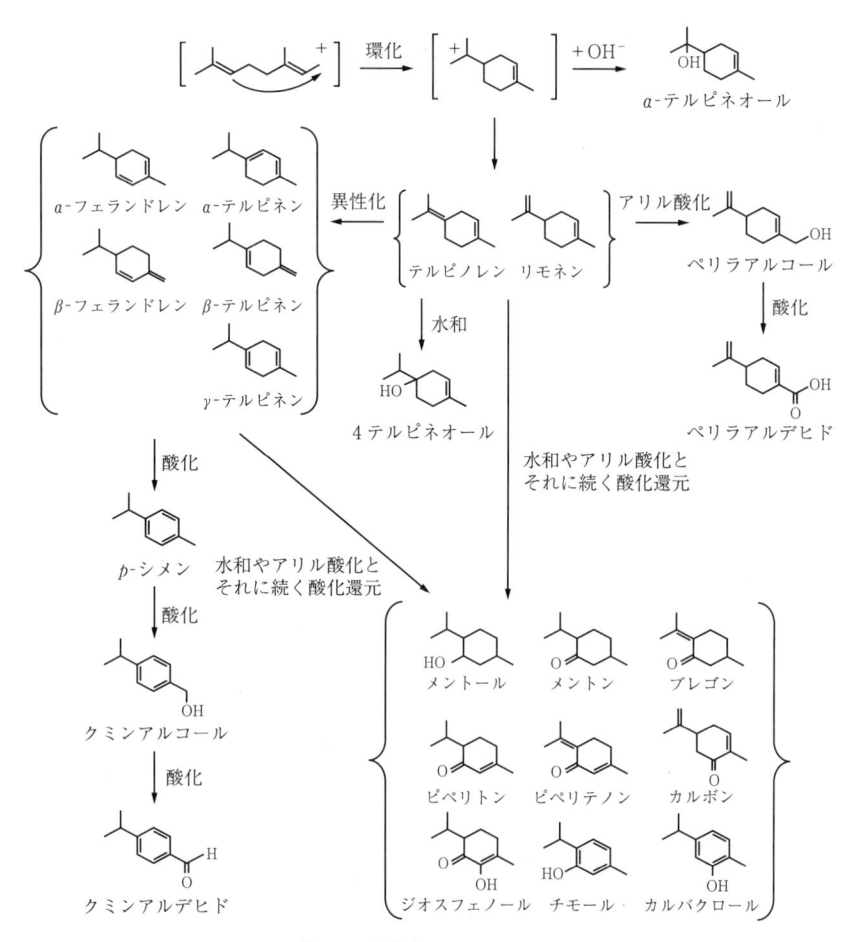

図6.3 単環式モノテルペン

(g/L) で示すよりも ppb (mg/L) あるいは ppt (ng/L) で表す方が好ましい場合がある．特に代表的なカビ臭物質であるジェオスミンの閾値は，10 ppt 以下といわれている．なお，カビの生育とカビ臭発生の時期を比較観察した研究によると，カビ臭は菌糸が出る前から発生しているようである (p.73 図6.5)．

c. カビ臭による被害

水道水でのカビ臭等の異臭味被害は，湖沼の富栄養化など水源状況の悪化（藻類の発生が主となる）を主因として1990年代前半頃には頻繁にみられたが，近

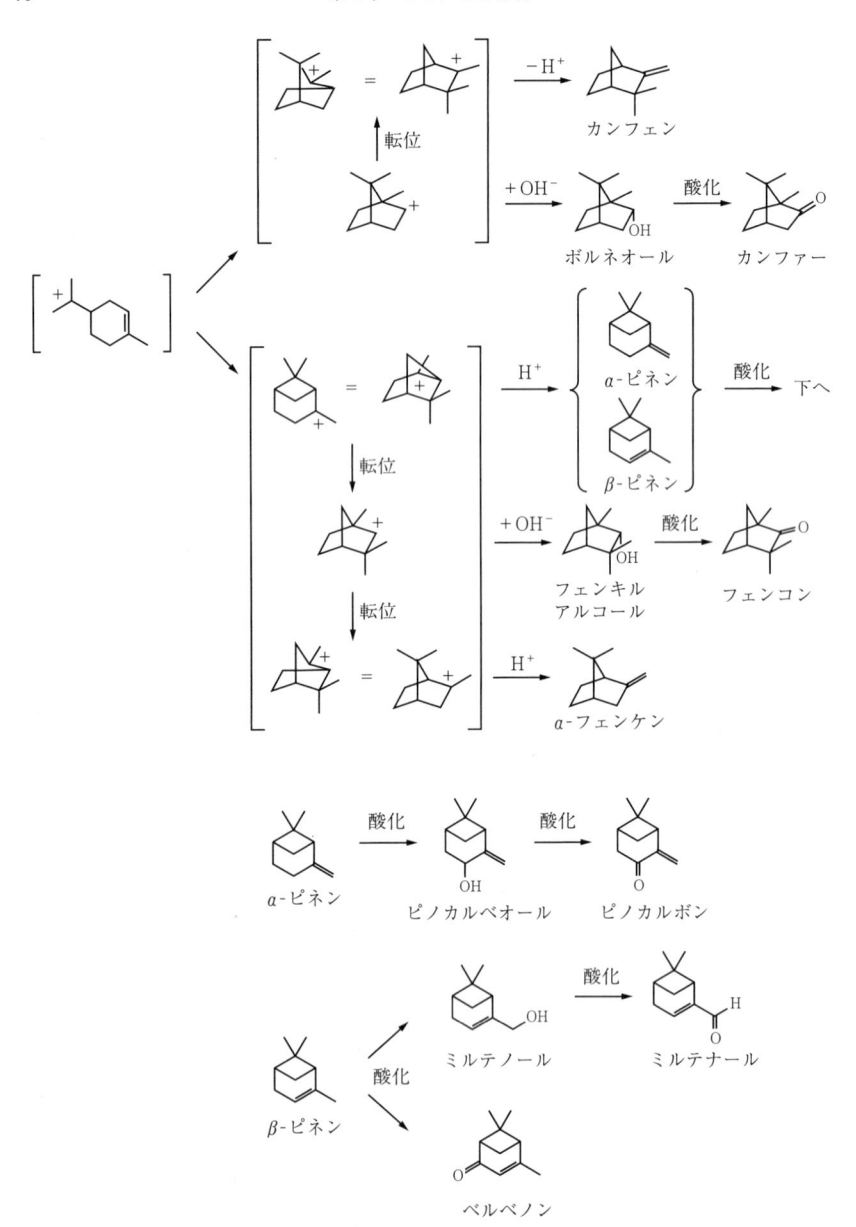

図6.4 双環性モノテルペン

表6.5 分離されたカビの臭気成分（髙鳥・髙橋の未発表分含む）

菌の種類	臭気成分
Aspergillus candidus	dimethylbenzene, ethylbenzene, 2-methyl-1-butanol, 3-methylfuran, 2-methyl-1-propanol, monoterpene, 1-penten-3-ol, thujopsene
Aspergillus flavus	dimethylbenzene, ethylbenzene, limonene, 3-methyl-1-butanol, 3-methylfuran, 2-methyl-1-propanol, nitromethane, 1-pentene-3-ol
Aspergillus niger	3-methylbutanol, 2-methyl-isoborneol, 1-octen-3-ol, 1-penten-3-ol, nitromethane
Aspergillus ochraceus	3-methylbutanol, 1-octen-3-ol, thujopsene
Aspergillus oryzae	3-methylbutanol, 2-methyl-isoborneol, 1-octen-3-ol
Aspergillus parasiticus	3-methylbutanol, 1-octen-3-ol
Aspergillus terreus	geosmin
Aspergillus versicolor	2-ethylhexanol, 3-methyloxyanisole, 3-methylbutanol, 1-octen-3-ol, 3-octanone
Chaetomium globosum	geosmin, 2methylisoborneol
Cladosporium	alcohol, ether, 3-methylfuran, 1-octene, 3-pentene, terpene, octadiene, 3-octanone, 1-octen-3-ol, thujopsene
Penicillium aurantiogriseum	2,4,6-trichloroanisole, acetone, 3-methylfuran, alcohol, ether, 2-methyl-1-propanol, 1-octene, 3-pentene
Penicillium brevicompactum	3-methylbutanol, 3-pentanone, 2-propanol, damascenone, 2-methyl-2-pentanal, 2-metyl-1-butanol, geosmin, fruity, 2-methoxy-3-isopropyrazine, 2-methyl-1-propanol, 3-octanol
Penicillium caseicolum	3-octanone, 2-methylisoborneol, 2-metyl-1-butanol, 3-methylfuran, 2-methyl-1-propanol, 2,4,6-tribromoanisole, 2,4,6-trichloroanisole, trimethylbenzene, xylene, 3-octanol damascenone, 2-methyl-2-pentanal, 2-metyl-1-butanol, 2-methyl-1-propanol, 2-methoxy-3-isopropylpyrazine
Penicillium camemberti	3-methylbutanol, 3-methylfuran, 2-methyl-1-propanol, 1-octen-3-ol, 1-propanol, sesquiterpene, 3-octanone, 3-pentanone, 2-propanol, 2-methylisoborneol
Penicillium chrysogenum	acetone, 2-butanone, 2-methyl-1-butanol, geosmin, moldy
Penicillium citrinum	alcohol, comphere, ether, dimethyl sulfide
Penicillium claviforme	limonene, 3-methylanisole, 2-methyl-propylacetate, 3-methylfuran, 2-methyl-1-propanol, 3-pentanone
Penicillium commune	alcohol, camphene, dimethyl sulfide, ether, limonene, 3-methylanisole, 2-methyl-propyl-acetate, α, β-pinene, terpene
Penicillium crustosum	geosmin
Penicillium decumbens	geosmin, fruity
Penicillium digitatum	geosmin, perfume
Penicillium expansum	geosmin
Penicillium farenosum	geosmin
Penicillium funiculosum	2-methylisoborneol, 1-octen-3-ol

（次頁に続く）

表 6.5（続き）

Penicillium glabrum	2-butanone, dimethylbenzene, limonene,octadiene, 3-octanone, 1-octen-3-ol, 3-pentanon, 3-methylfuran, 2-methyl-1-butanol, 2-methyl-1-propanol
Penicillium purpurogenum	3-pentanon, geosmin, walnut, apple
Penicillium raistricki	apple, geosmin, walnut, 2-methylisoborneol, 1-octen-3-ol
Penicillium roqueforti	2-methylisoborneol, 1-octen-3-ol,dimethylbenzene, geosmin, limonene, 2-methyl-1-butanol, 3-methylfuran, 2-methyl-1-propanol, octadiene, 3-octanone, sesquiterpene
Penicillium variotie	2-methyl-1-propanol, octadiene, 3-octanone, sesquiterpene, 3-methylfuran, 2-methyl-1-butanol, 2-methyl-1-propanol, octadiene, 3-octanone, geosmin
Penicillium viridicatum	geosmin, 2-methylisoborneol, 1-octen-3-ol,2-methyl-1-butanol, 3-methylfuran
Streptomyces alboniger	phenylacetaldehyde, 2-phenylethanol, 6-pentyl-α-pyrone
Streptomyces albosporeus	trichothecene, geosmin
Streptomyces antibioticus	geosmin
Streptomyces aureofaciens	geosmin, 2-methylisoborneol
Streptomyces chibaensis	geosmin, 2-methylisoborneol
Streptomyces citreus	geosmin, 2-methylisoborneol, acetic acid butylester, benzoic acid methylester, β-bourbonene, δ-cadinene, calarene, δ-elemene, epi-bicyclosesquiphellandrene, dihydro-dimethyl-furanone
Streptomyces collinus	germacradienol, limonene, β-myrcene, 2-phenylethanol, phenylmethanol,sesquiterpene, calarene, β-bourbonene,δ-elemene, 2-phenylethanol, phenylmethanol
Streptomyces filipinensis	geosmin, 2-methylisoborneol
Streptomyces fradiae	geosmin, 2-methylisoborneol, crystalline
Streptomyces griseoflavus	geosmin, 2-methylisoborneol
Streptomyces lavendulae	geosmin 2-methylisoborneol, crystalline
Streptomyces luteogrisus	geosmin, 2-methylisoborneol
Streptomyces phaeofaciens	geosmin, 2-methylisoborneol
Streptomyces platensis	geosmin, 2-methylisoborneol
Streptomyces prunicolor	geosmin, 2-methylisoborneol
Streptomyces relicuhisruber	geosmin, 2-methylisoborneol
Streptomyces resisiomycificus	geosmin, 2-methylisoborneol
Streptomyces scabies	geosmin
Streptomyces sulfureus	geosmin, 2-methylisoborneol
Streptomyces tendae	geosmin, farnesol
Streptomyces versipellis	geosmin, 2-methylisoborneol
Streptomyces vinaceusdrappus	geosmin, 2-methylisoborneol
Streptomyces violaceousruber	geosmin
Streptomyces werraensis	geosmin, 2-methylisoborneol
Streptomyces yanagwaensis	geosmin, 2-methylisoborneol
Trichoderma trichodermin	geosmin, 2-methylisoborneol, 2-methyl-1-propanol, xylene, 2,4,6-trichloroanisole, trimethylbenzene, 2,4,6-tribromoanisole phenyl-acetoaldehyde, 6-pentyl-α-pyrone

6.1 ものや環境の害

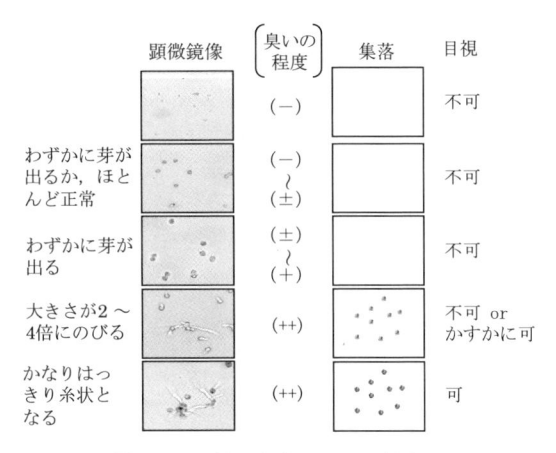

顕微鏡像	臭いの程度	集落	目視
	(−)		不可
わずかに芽が出るか，ほとんど正常	(−)〜(±)		不可
わずかに芽が出る	(±)〜(+)		不可
大きさが2〜4倍にのびる	(++)		不可 or かすかに可
かなりはっきり糸状となる	(++)		可

図6.5 カビがにおうのはいつ頃から？

表6.6 水道における異臭味被害の発生状況

年度	1993（平成5）年度		1994（平成6）年度		2005（平成17）年度		2009（平成21）年度	
区分	被害事業体数[*1]	被害人口[*2]（千人）	被害事業体数[*1]	被害人口[*2]（千人）	被害事業体数[*1]	被害人口[*2]（千人）	被害事業体数[*1]	被害人口[*2]（千人）
北海道	6(2)	166	5(2)	143	2	0	0	0
東北	6(1)	266	12(2)	593	5(1)	82	3	417
関東	20(8)	228	26(11)	3432	16(6)	75	15(5)	37
中部	6(4)	153	3(2)	125	6(2)	85	3(1)	388
近畿	17(4)	12377	16(4)	10532	25(5)	2671	16(3)	28
中国	7(1)	325	13(1)	262	11(1)	228	14(4)	565
四国	2	6	2	12	2	149	2	203
九州	16(2)	604	21(2)	1740	16(3)	1041	14(2)	151
計	80(22)	14126	97(24)	16837	83(18)	4331	67(15)	1789

[*1]：被害事業体数には原水浄水中の異臭味（カビ臭，ヘドロ臭等）被害を生じたものを含む．また（　）内の数字は水道用水供給事業の数を内数で表したものである．
[*2]：被害人口は，1日以上浄水の異臭味による被害を受けた人口である．

年は高度水処理技術の普及により非常に減少した（表6.6）．また，ミネラルウォーターや清涼飲料水では，夏期に多くの（臭気）被害が報告されている．ここで多く検出されるのはクラドスポリウム（クロカビ）とペニシリウム（アオカビ）であり，これらで合わせて全体の3〜7割を占める．

近年，室内環境空気質中における化学物質過敏症（multiple chemical sensitivities：MCS）のように，種々の臭気に対して精神的・身体的症状を示す

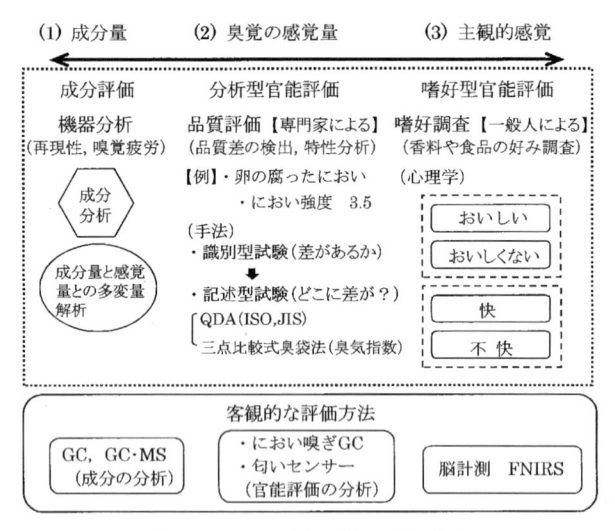

図6.6 におい（匂，臭）の評価方法

病態も明らかとなってきている．臭気（mVOCs）は従来の化学物質への曝露と異なり，かなり低濃度の場合でも（その感知閾値の低さゆえ）MCSの原因となる可能性があると推察される．よって，建築物環境内でカビが発生し，その結果mVOCsが空気中に気散することがないように，カビ発生防止を心がけなければならない．

現在では，図6.6にまとめられているようににおいの客観的評価方法も確立されてきている．このことより，種々のカビ臭である化学物質に対する曝露評価（リスク評価）についても，今後は研究が進むと思われる．食品，水および室内環境におけるカビ臭の実害を防止するには，まずはカビの蔓延防止に努めなければならないことはいうまでもない． 　　　　　　　　　　　　　　　　（高橋淳子）

参 考 文 献

1) 高鳥浩介監修：かび検査マニュアルカラー図譜，テクノシステム（2009）
2) 小久保彌太郎：現場で役立つ食品微生物，中央法規（2007）
3) 清水　潮：食品微生物の科学，幸書房（2005）
4) 食品腐敗変敗防止研究会編：食品変敗防止ハンドブック，サイエンスフォーラム（2006）
5) 日本水道協会：上水試験方法，p.103（2001）

6) 室内空気中化学物質の室内濃度指針値及び標準的測定方法について，平成12年6月30日，生衛発第1093号（2000）
7) 永田好男・竹内教文：三点比較式臭袋物質の閾値測定結果．日本環境衛生センター所報，77-89（1990）
8) Wilkins, C. K. et al.: Indoor Air, **3**: 283（1993）
9) Thad, G.: Indoor Environmental Quality, p.143-175, Lewis Publishers（2001）
10) 高鳥浩介：ビル環境におけるカビと環境被害―建築物のカビ実態調査から―．ビルと環境，**110**：6-18（2005）
11) Engel. C. et al.: Tetrachloroanisole: A Source of Musty Taste in Eggs and Broilers. *Science*, **154**: 270（1966）
12) Neukirch, C., et al.: Is sensitization to A*lternaria alternaria* a risk factor for severe asthma? A population-based study. J Allergy Clin Immunol, **103**: 709-711（1999）.

Column 8　カビ臭

　閉め切った部屋，和室，押入れ，収納箱，玄関の靴箱，古い本，しばらくぶりに入った別荘，…などがカビ臭いといった相談が多い．

　カビが生えている場所でカビ臭いのはわかるけれど，生えていない場所でカビ臭いことってあるのだろうか．実は，カビはすでに発芽が始まったときから臭気を発しており，目で見えないうちから臭いことはありうる（図6.5参照）．とりわけ臭気の強いアオカビは生活環境周辺で多く，見えないカビ臭の元凶になる．ほかにツチアオカビも同様であり，床下が臭い場合などはこのカビが考えられる．

　なお，「カビ臭い」とよくいうが，カビだけでなく藻類でも同じ臭気を出し，環境問題となることがある．

6.2　健康への害

6.2.1　アレルギー

a.　カビアレルギーとは

　アレルギーとは，われわれ人間が生体にとって異物である外からの細菌やウイルスなどに対して防御反応として働く免疫反応の一種である．私たちがはしかや水疱瘡などの病気に子供のときに一度罹患すると，その後二度とかからないのは，最初の感染により体内に抗体といわれる防御物質が作られ，免疫状態ができたからである．このように防御反応としての免疫は本来的には人体にとって有用

な反応であるが，同じような反応をしながら，人体にとって有害な反応がアレルギーなのである．すなわち生体にとって異物であるダニや花粉に含まれる物質が外から体内に侵入すると免疫反応が起きて，それら異物と反応する抗体ができる．その抗体が体内で防御反応として働かずに逆に病気を起こしてしまうのがアレルギーである．一般に防御反応にかかわる抗体は免疫グロブリンG（IgG）と呼ばれるタンパク質であるが，アレルギーにかかわる抗体はIgGとは別の免疫グロブリンE（IgE）というタンパク質が主体である．IgEは，1966年に日本の免疫学者である石坂公成・照子夫妻がアメリカのデンバーにおいて発見した最も新しい免疫グロブリンである．しかしながら，アレルギー反応には，IgE抗体が関与するI型アレルギー反応のほかにも，IgG抗体や免疫グロブリンM（IgM）抗体が関与するII型・III型アレルギー反応，抗体は関与せずリンパ球が中心となって関与するIV型アレルギー反応などもある．

　カビとアレルギー疾患との関連についてこれまでの歴史を振り返ってみると，I型アレルギー反応が関与した明確なカビアレルギーとして報告されるようになったのは1920年代からである．わが国では，高橋ら（1961：内科），大藤ら（1961：皮膚科），中山ら（1964：小児科），古内ら（1966：耳鼻科）が，皮膚試験によりカビ感作例を報告している．また，原因となるカビに関して，屋外飛散真菌相について高橋ら（1961），大藤ら（1961），浅田ら（1963），松田ら（1969）等の報告がみられる．屋内環境中のアレルギー原因物質（アレルゲン）が重要視されるに伴い，アレルギー疾患との関連で屋内飛散真菌相や家塵中のカビ分布等について，東ら（1985），秋山ら（1993），宇田川ら（1994），高鳥ら（1994）などから報告されている．カビが関与するアレルギー疾患としては，屋内外空中飛散真菌に対するIgE抗体が関与するアトピー性反応によるI型アレルギー疾患としての気管支喘息・アレルギー性鼻炎に加えて，I型＋III型アレルギーによると考えられるアレルギー性気管支肺アスペルギルス症に代表されるアレルギー性気管支肺真菌症やアレルギー性真菌性副鼻腔炎，III型＋IV型アレルギーによると考えられるトリコスポロン（*Trichosporon*）による夏型過敏性肺炎などの過敏性肺炎，さらには，マラセチア（*Malassezia*）との関連が報告されているアトピー性皮膚炎等，数多くある．最近は，IgE抗体は関与せず成人喘息の約半数を占める非アトピー型（内因型）喘息の原因抗原としての人体内常在真菌の役割についても研究が進んでいる．「カビは，ダニ，ペット，花粉と並んで，アレルギー疾患の重要な原因アレルゲンである」とは，カビアレルギーのイントロダク

ションとして必ず使われる枕詞である．しかしながら，ダニ，ペット，花粉のように環境アレルゲンとしての曝露量をリアルタイムで定量化できないために，明確な原因アレルゲンとしての確定が非常に難しいという問題がある．花粉，ペットアレルギーの場合は，問診のみで原因アレルゲンが推定できる場合も少なくないが，カビアレルギーにおいては患者の訴えや病歴から原因のカビを推定あるいは同定することは容易ではない．またカビによるアレルギー疾患の場合は，細菌やカビによる肺炎などの感染症とは異なり，ほとんどの場合病巣局所に原因のカビは認められない．アレルギー性気管支肺真菌症の場合のように痰中にカビが認められることもあるが，それは感染病原菌としてではなくアレルゲンの発生源としての意味をもっているのである．感染症の場合は，組織学的な確定診断（生検）または菌学的な確定診断により原因カビを特定することが可能であるが，アレルギー疾患の原因カビの特定には，ホストの反応および環境検索から診断を進め原因カビを同定する，といった間接的な方法に頼らざるを得ない．しかしながら，カビは吸入性アレルゲンとして，気道系アレルギーすなわち気管支喘息，アレルギー性鼻炎，過敏性肺炎さらにはアレルギー性気管支肺真菌症などの原因アレルゲン（抗原）として重要である．

　また近年，屋外・屋内の空中を飛散しているカビ以外に，ヒトの体内に常在しているカビのアレルゲンや抗原としての重要性が注目されるようになった．すなわち，口腔内や消化管に常在するカンジダ・アルビカンス（*Candida albicans*）をはじめとするカンジダによる非アトピー型喘息の原因抗原の可能性，皮膚常在カビであるマラセチアとアトピー性皮膚炎のかかわり，そして水虫の原因菌であるトリコフィトン（*Trichophyton*）による重症喘息などが報告されている．さらには，これまであまり注目されていなかったアスペルギルス・レストリクタス（*Aspergillus restrictus*），ユーロチウム（*Eurotium*）等の好稠好乾性カビの喘息原因アレルゲンとしての可能性についても，IgE抗体の存在が明らかになり，さらに吸入誘発試験による喘息症例が報告されている．

　カビアレルゲンについての抗原分析は，ダニやスギ花粉，ペットに比べて遅れているが，その理由の1つに含まれるアレルゲン成分の多彩さがある．環境中のカビの培養は，用いる培地により得られる菌種が異なり，また菌体成分からの抽出か培養濾液からの抽出かによっても得られるアレルゲン成分が大きく異なるという特殊性があり，まだまだ未知の分野が多く残されている．さらにカビアレルギーは，カビの異なった生活環でのアレルゲン性・抗原性の変化や，環境に応じ

た各種酵素の産生と分泌など，カビのもつ微生物としての特性からもたらされる他のアレルゲンとは異なった複雑な側面をもつ．そのため，アレルギー学の視点からの研究や診断・治療等の日常診療においても，今後に残された未解決の問題は山積している．

そのようななかで，これまでに報告されているアスペルギルス・フミガタスの精製アレルゲンなどに加えて，わが国で報告されたカンジダ・アルビカンスの誘導分泌酵素である酸性プロテアーゼやマラセチアの各種アレルゲンの役割など，最近少しずつアレルゲン分析と臨床症状との関連についての研究が進んできたところである．今後は，各種真菌に含まれるアレルゲンコンポーネントに対してのIgEおよび／またはIgG抗体測定や，ヒスタミン遊離反応等のインビトロ試験による診断法の確立が望まれる．

b. 喘息

気管支喘息の病型は，IgE抗体が関与するアトピー型とIgE抗体の関与がないと考えられている非アトピー型に分類される．アトピー型喘息の原因アレルゲンとなる真菌としては，アルタナリア（*Alternaria*），アスペルギルス，クラドスポリウム（*Cladosporium*），ペニシリウム（*Penicillium*），カンジダの5種が主要真菌アレルゲンとして知られているが，最近は，そのほかにもいろいろな真菌がアレルゲンとして報告され，皮膚試験や血中IgE抗体価測定に用いられている．原因アレルゲン診断については，ダニやペットでは，病歴をはじめ，皮膚反応，血中IgE抗体価，末梢血白血球ヒスタミン遊離反応，環境調査等から診断は比較的容易である．しかしながら，気管支喘息での原因アレルゲンとしてのカビを特定するためには，現時点では，実際にアレルゲンを吸入して行う負荷試験が必

表6.7 喘息患者における即時型皮膚反応の各抗原の陽性頻度

順位	抗原	(%)	順位	抗原	(%)	順位	抗原	(%)
1	スギ	47	11	*Malassezia*	22	21	カモガヤ	10
2	ハウスダスト	46	12	ソバ，コメ，ムギ	20	22	エビ	10
3	カナムグラ	44	13	イヌ	20	23	ウサギ	9
4	*Candida*	43	14	ハンノキ	18	24	ゴキブリ	9
5	ダニ	42	15	シラカシ	15	25	*Aspergillus*	9
6	げっ歯類	40	16	ケヤキ	15	26	*Eurotium*	7
7	ブタクサ	37	17	*Penicillium*	14	27	*Trichophyton*	7
8	ヨモギ	33	18	ネコ	14	28	*Cladosporium*	7
9	マンナン	30	19	*Asper. restrictus*	13	29	*Aureobasidium*	6
10	キヌ	22	20	*Alternaria*	11	30	*Neurospora*	4

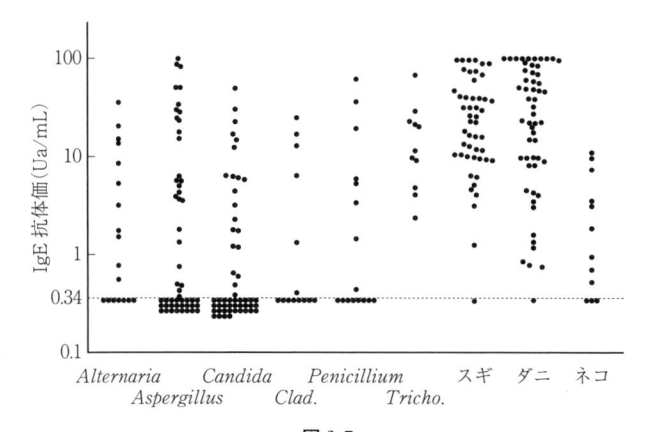

図 6.7
真菌に対する即時型皮膚反応陽性者でも血中 IgE 抗体陰性が多い．
Clad. = Cladosporium, Tricho. = Trichophyton.

要である．しかしながら，負荷試験は，受ける側も検査する側も時間や安全性の面で決して容易な試験ではない．そのため，それに代わる簡易かつ安全な原因診断法の確立が望まれている．一般的にアレルギー疾患のアレルゲンとしてよく知られているハウスダスト，ダニ，スギ花粉，ペット毛垢，等は，皮膚反応陽性あるいは血中 IgE 抗体陽性がそのまま当該アレルギー疾患の原因アレルゲンである場合が多いが，カビについては，即時型皮膚反応陽性者における血中 IgE 抗体陽性頻度は低く（表 6.7, 図 6.7），また血中 IgE 抗体陽性者であっても吸入試験で陽性となる頻度はさらに低い．したがって，カビアレルギーとして原因を確定することはそう簡単なことではない．

気管支喘息発症との関連では，アルタナリアへの感作が独立した喘息発症因子である[1]，真菌に対しての感作，特にアスペルギルスやクラドスポリウムに対しての感作は，成人発症喘息の危険因子である[2]，3 歳までに子のう菌や担子菌に曝露した子供は，その後の喘息発症の危険性が高い，等，喘息発症に真菌への曝露，感作が関係するという報告がある．

真菌の中でもアルタナリアやアスペルギルスは喘息との関連が深いことが知られている．このうちアルタナリアに感作された喘息患者は，重症が多いことが海外の報告で知られている．米国の家庭において，アルタナリアへの曝露と喘息症状とが相関することが示されており，また 6 歳時にアルタナリアに感作されている場合，感作されていない場合に比べて 22 歳時に持続型喘息になるオッズ比が

表6.8 喘息症状の重さ（軽症-中等症-重症）と各種アレルゲン感作率の関係（Neukirchほか，1999）

アレルゲン	重症 vs 軽症		重症 vs 中等症	
	オッズ比	P値	オッズ比	P値
Alt. alternata	10.03	<0.02	5.93	<0.03
チモシーグラス（牧草）	1.63	0.54	1.87	0.34
オリーブ	1.88	0.45	1.61	0.53
D. pteronyssinus（ダニ）	3.48	<0.10	1.79	0.35
ネコ	2.77	0.25	2.43	0.17
母の喘息罹病歴	2.85	0.38	2.59	0.40

7.4と高くなるという報告もある[3]．アルタナリアをはじめとする真菌に対して感作されている喘息患者の場合は重症かつ致死的エピソードが有意に高い，大雷雨時に起きるアルタナリアの大量空中飛散により喘息症状が悪化する[4]．重症対軽症，重症対中等症喘息の比較において最も感作率に差があったのはアルタナリアであった（表6.8）など，アルタナリアは真菌によるアトピー型喘息の原因アレルゲンとして，重症度とのかかわりを含めきわめて重要である．

一方，アスペルギルスは，いわゆるアトピー型喘息の原因アレルゲンとしても重要であるが，アレルギー性気管支肺アスペルギルス症（allergic bronchopulmonary aspergillosis：ABPA）の原因として重要である．1952年に英国のHinsonらからABPAの世界初の報告があり，わが国では，1972年に加藤らから本邦初例が報告された．ABPAは，アスペルギルス・フミガタスに対するⅠ型＋Ⅲ，Ⅳ型アレルギー反応が関与して発症すると考えられているPIE（pulmonary infiltrate with eosinophilia）症候群に属する疾患であり，喘息があり，胸部エックス線上肺炎様陰影があり，典型例（ABPA-bronchiectasis）では中枢性気管支拡張症を示し，末梢血中に好酸球の増多がある場合に疑われるが，結核や肺炎などと誤診され，診断が遅れると肺の線維化が進み，重篤な経過をたどることがある疾患である．最近は，アスペルギルス・フミガタスのみならず，アスペルギルスの他の種やその他の真菌による類似疾患も少なからず報告され，現在では，広くアレルギー性気管支肺真菌症（allergic bronchopulmonary mycosis：ABPM）といわれる．予後の改善を図るため，最近は典型的なABPAになる前に早期診断として，気管支拡張症が出現する前の血清学的所見のみの場合をABPA-seropositiveとして，早期治療介入の必要性が強調されている[5]．

c. 鼻アレルギー

鼻アレルギーとしてのいわゆるアレルギー性鼻炎の原因アレルゲンとしては，通年性アレルギー性鼻炎ではダニが最も重要な原因アレルゲンであり，季節性アレルギー性鼻炎では，スギによる花粉症が最も重要かつわが国の国民病ともいうべく最近の増加が著明である．最近は，アレルギー性鼻炎と気管支喘息は，同じ気道系の疾患として"one airway one disease"という概念が定着し，多くの共通点が明らかになってきた．すなわち，下気道のアレルギー疾患である気管支喘息の原因アレルゲンは，そのまま上気道のアレルギー疾患であるアレルギー性鼻炎の原因アレルゲンでもあり，原因真菌としては，気管支喘息とおおむね同様である．最近のトピックとしては，真菌の関与する副鼻腔炎としてアレルギー性真菌性副鼻腔炎（allergic fungal sinusitis：AFS）がある[6]．AFSは，初期の報告では，下気道におけるABPAにAFSを伴う例があり，また病態が類似していたため，アレルギー性副鼻腔アスペルギルス症と呼ばれていたが，症例の蓄積により，アスペルギルス以外にアルタナリアなどの真菌も関与することが明らかになり，AFSと呼ばれるようになった．AFSの診断基準を表6.9に示す[7]．欧米では，慢性副鼻腔炎の5～10%がAFSであると報告されているが，わが国ではまだ報告は少ない．人種により罹患率が異なるのではないかと考えられている．これまで報告されている原因真菌としては，アスペルギルス，アルタナリア，カーブラリア（*Curvularia*）等がある．

表6.9 アレルギー性真菌性副鼻腔炎（AFS）の診断基準

① エックス線にて1つ以上の副鼻腔に副鼻腔炎を認める．
② 鼻鏡所見で，あるいは術中，あるいは副鼻腔からの組織診断にてアレルギー性ムチンが同定できる．
③ 鼻汁中，あるいは術中採取物中に染色あるいは培養にて真菌を認める．
④ 糖尿病，免疫不全病がなく，免疫抑制剤による治療がない．
⑤ 粘膜や骨への真菌の浸潤がみられない．

d. アトピー性皮膚炎

アトピー性皮膚炎と真菌アレルギーとの関連では，カンジダとマラセチア（ピチロスポルム，*Pityrosporum*）とが重要である．どちらも人体常在酵母様真菌で，図6.8に示されるようにカンジダは粘膜常在菌であり，マラセチアは皮膚常在菌といえる．重症アトピー性皮膚炎患者では，カンジダやマラセチア特異的IgE抗体価の上昇がしばしばみられるが，健常人では，粘膜常在菌であるカンジ

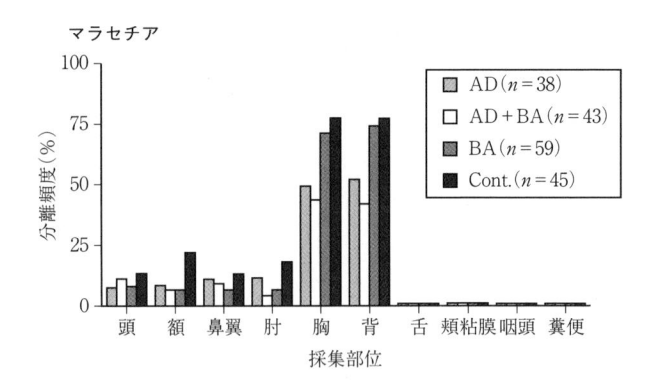

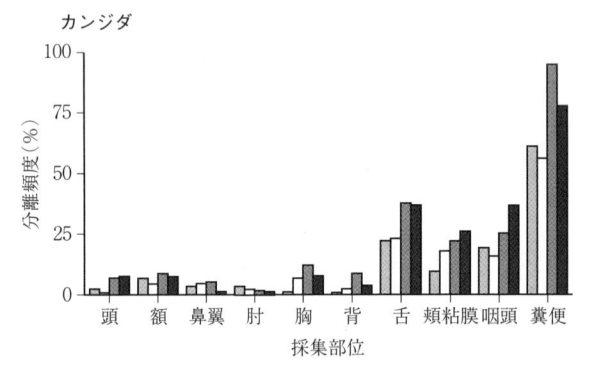

図 6.8 主症状別マラセチアまたはカンジダの分類頻度
AD：アトピー性皮膚炎，BA：気管支喘息，Cont：対照（健常人）．

ダに対しては，Th1型免疫を獲得している．しかし，アトピー性皮膚炎患者では，カンジダ抗原を用いた皮膚テストで即時型皮膚反応を示すこと，またアトピー性皮膚炎の重症度と相関してカンジダ特異的 IgE 抗体の増加が認められることから，アトピー性皮膚炎患者では，カンジダに対する免疫反応が Th1型免疫反応から Th2型免疫反応に変化していることが示されている[8]．一方，マラセチアは，人体の皮膚，特に頭部・顔面・上胸部などの脂漏部位に多く分布している．成人のアトピー性皮膚炎患者では，しばしば顔面・頸部に難治性の皮疹がみられること，顔面および全身の皮疹の重症者にマラセチア特異的 IgE 抗体価が高いことなどから，成人のアトピー性皮膚炎患者の皮疹の重症化にマラセチアアレルギーが関与することが示唆されている[9]．
（注：Th1，Th2 ともにアレルギー物質）

e. 過敏性肺炎

　Ⅰ型以外のアレルギー反応が関与している疾患の代表としての過敏性肺炎（hypersensitivity pneumonitis：HP）は，1713 年の Ramazzini による ill grain workers の報告が端緒と思われるが，1932 年の Campbell による農夫肺（farmer's lung）の報告により広く知られるようになった．わが国では，1974 年に近藤らにより農夫肺が報告され，同年細川らによりわが国特有の HP として夏型過敏性肺炎が初めて報告された．農夫肺は，わが国では北海道・東北の酪農業者に発症する過敏性肺炎で，酪農作業，おもに冬に保存飼料の干し草を牛に与える作業に関連して比較的急激に症状が発現する．農夫肺の原因としては，放線菌（*Thermoactinomyces vulgaris*, *Micropolyspora faeni*）が知られている．一方，夏型過敏性肺炎は，夏から秋にかけて西日本から九州において多くの発症がみられ，現在では，わが国で最も多くみられる過敏性肺炎である．その原因としては，1978 年に宮川らによりクリプトコックス・ネオフォルマンスが原因のカビとして報告されたが，その後 1987 年に安藤らによりトリコスポロン属が原因であることが明らかになり，関連した多くの研究成果が報告された[10]．そのほかにも真菌・放線菌類が原因となっている過敏性肺炎としては，空調病，加湿器肺のほか，マッシュルーム作業者肺，砂糖きび肺，麦芽作業者肺など職業関連の過敏性肺炎が知られている．過敏性肺炎の原因抗原診断には，ゲル内二重拡散（Ouchterlony）法による沈降抗体の検索が有用であるが，まだ一般の検査センターレベルでは実施できない．各種検査に加えて症状出現環境中のカビの同定も原因アレルゲン確定に有用な検査である．

f. シックハウス症候群

　シックハウス症候群（sick house syndrome）とは，2000 年代に入り，「建物内に居住することにより種々の体調不良を訴える患者群」に対してその総称として便宜的に用いられた名称であり，1970 年代に欧米諸国でオフィスビルで働く事務系職員に頭痛，粘膜刺激症状を主症状とする不定愁訴を訴える人が多発したシックビルディング症候群（sick building syndrome）から転じた和製造語である．シックビルディング症候群は，その原因として，当時のエネルギー危機を反映した省エネ対策としての特に老朽化したビルディングにおける空調設備，建物の気密化による換気不十分のため，揮発性化学物質やダニ，カビ等の生物要因，さらには心理的要因が重なって，種々の不定愁訴を訴えるものであり，そのビルディングを離れれば，症状が改善する症候群であった．当時は，その病態として

老朽化したビルディングでのカビ汚染によるカビアレルギーではないかとの議論もあったが，仕事上の不満やストレス，空気の停滞感，騒音等の物理的環境要因に対する不満等を含め，心理反応や生活習慣等の多くの要因が関与していると考えられた．わが国ではシックビルディング症候群はそれほど大きな問題とはならなかったが，2000年代に入り，一般家庭，特に新築家屋に居住する人たちのなかでシックビルディング症候群様の不定愁訴を訴える患者が出てきた．シックハウス症候群に関しては，厚生労働科学研究事業のなかで多角的な研究が行われ，その原因として，建物内における建材や内装材などから放散されるホルムアルデヒドやトルエン等の揮発性有機化合物の吸入曝露による健康影響であることが示されているが，その病態機序についてはいまだ不明の点が多く，今後の研究の推進が待たれているところである．これまでの研究のなかで，衛生学的な視点からの研究として環境中のカビ等の微生物が介在して生成する生物由来揮発性有機化合物（microbial volatile organic compounds：mVOCs）もシックハウス症候群の原因ではないかとの報告があるが，今後のさらなる研究が必要である．

g. 治療と予防

アレルギー疾患の治療の基本は，環境整備と薬物治療である．薬物治療は，病態の基本であるアレルギー性炎症の制御・根絶を目指した抗炎症療法と，アレルギー性炎症の結果として当該臓器で発現する各種症状に対する対症療法とからなる．気管支喘息においては，抗炎症療法としては吸入ステロイド薬が第1選択薬であり，重症度に応じて他の薬剤を併用追加し，治療ステップを上げていくことになっている．また，対症療法としては，短時間作用性の気管支拡張薬の頓用が勧められる．気管支喘息の特殊型としてのABPMでは，第1選択薬としては，全身投与としての経口ステロイド薬であるが，原因アレルゲンの発生源である真菌に対する治療としての抗真菌剤の効果についての知見が集積されつつある．また，同様呼吸器疾患としての過敏性肺炎の治療としても全身ステロイド薬の投与が基本であり，必要に応じて去痰薬や鎮咳薬を併用する．アレルギー性鼻炎では，抗ヒスタミン薬，ロイコトリエン受容体拮抗薬，点鼻ステロイド薬が症状に応じて使用される．アレルギー性真菌性副鼻腔炎では，手術（内視鏡下鼻内手術），全身ステロイド薬に加えて，抗真菌剤による鼻洗浄の効果が報告されている．アトピー性皮膚炎では，基本療法としてのステロイド軟膏を中心とした治療に加えて，特にカンジダ，マラセチアに対する皮膚反応陽性，血中IgE抗体価高値例に対しては，抗真菌剤の経口投与の効果が示されている[11]．　（秋山一男）

引用文献

1) Arbes, S. J. Jr, et al. : Asthma cases attributable to atopy : results from the Third National Health and Nutrition Examination Survey. J Allergy Clin Immunol, **120** : 1139-1145 (2007)
2) Jaakkola, M. S., et al. : Are atopy and specific IgE to mites and molds important for adult asthma? J Allery Clin Immunol, **117** : 642-648 (2006)
3) Stern, D. A., et al. : Wheezing and bronchial hyper-responsiveness in early childhood as predictors of newly diagnosed asthma in early adulthood : a longitudinal birth-cohort study. Lancet, **372** : 1058-1064 (2008)
4) Pulimood, T. B., et al. : Epidemic asthma and the role of the fungal mold Alternaria alternata. J Allergy Clin Immunol, **120** : 610-617 (2007)
5) Greenberger, P. A. : Allergic bronchopulmonary aspergillosis. J Allergy Clin Immunol, **110** : 685-692 (2002)
6) Miller, J. W., et al. : Allergic aspergillosis of the maxillary sinuses. Thorax, **36** : 710 (1981)
7) deShazo, R. D., Swain, R. E. : Diagnostic criteria for allergic fungal sinusitis. J Allegy Clin Immunol, **96** : 24-35 (1995)
8) Tanaka, M., et al. : IgE-mediated hypersensitivity and contact sensitivity to multiple environmental allergens in atopic dermatitis. Arch Dermatol, **130** : 1393-1401 (1994)
9) 伊藤浩明ほか：アトピー性皮膚炎患者における Pityrosuporum orbiculare 特異的 IgE 抗体の検出とその意義．アレルギー，**44** : 481-490 (1995)
10) Ando, M., et al. : Japanese summer-type hypersensitivity pneumonitis : geographic distribution, home environment, and clinical characteristics of 621 cases. Am Rev Respr Dis, **144** : 765-769 (1991)
11) 小林照子ほか：アトピー性皮膚炎における真菌アレルギーと抗真菌療法の効果についての検討—即時型反応，遅延型反応を含めて—．アレルギー，**55** : 126-133 (2006)

Column 9　カビの生死細胞評価の解析

　生活環境には数多くのアレルゲンが分布している．カビ（真菌）もその1つであるが，従来の真菌とアレルゲンの考え方は，培養による結果が前面に出た「生菌数」による評価であった．しかし，生活環境の大気中やハウスダストに含まれる真菌の多くは，むしろ生細胞でない状態で存在している（p.141 の図 9.4 参照）．よって，生菌に限らず死菌でもアレルゲンとなりうることは否定できない．そこで，筆者らはこうした環境中の死細胞を確認することもアレルゲン解明の一助になるものと考え，以下の研究を行った．

大気中に多い真菌を対象として，真菌の生細胞と死細胞に対し，蛍光色素 fluorescein diacetate（FDA）および propidium iodide（PI）の二重染色法による細胞の活性・不活性（生死）の解析を行った．

生細胞では FDA と細胞内酵素（エステラーゼ）の反応から 520 nm で活性を確認できる．すなわち，生細胞は代謝による酵素活性を維持しており，基質と生体酵素との特異的な蛍光反応により緑色発光し明らかな細胞の活性を証明できた．一方，死細胞では特異的に DNA と反応する PI により赤色発光を認めた．すなわち，これらの蛍光染色法を用いることにより，明らかに生死細胞を判別できた（巻頭カラー口絵 24 参照）．また，多細胞性胞子では FDA，PI の双方に発色する細胞も存在し，複雑な活性を示した．

この蛍光法による生死細胞測定と PCI サンプラーによる粒径分布測定の組合せは，生活環境中の真菌アレルゲンの測定法として活用可能であると期待される．

6.2.2 感染症

真菌はキノコ，カビ，酵母などさまざまな名称で呼ばれており，私たちが古くから利用している微生物である．味噌，醤油，酒等の食品製造のみならず，抗生剤等の医薬品製造にも利用されており，私たちの生活に深くかかわっている一方で，感染症をはじめとする真菌による悪影響も無視できない．

a. 感染の仕組み

伝統的に真菌感染症は病巣部位に基づいて，表在性真菌症，深部皮膚真菌症，深在性真菌症に分類されているが，それぞれ感染の仕組みが大きく異なる．そこで，本項では病型ごとに区分けして感染成立機序を概説する．

1) 表在性真菌症

皮膚，爪，毛髪などの表層に感染がとどまり，皮下組織に波及することのない真菌症は表在性真菌症と呼ばれ，代表疾患は白癬（はくせん），表在性カンジダ症，皮膚マラセチア症である．最も多い足白癬（いわゆる「水虫」）は，足白癬患者から環境中に散布され生息している真菌が健常人の足底に付着することで発症する[1]．さらに白癬菌は皮膚角質，毛髪，爪のケラチンを分解させ，これらの分解産物を栄養源として発育する．一方，カンジダやマラセチアは健常人の皮膚などに常在しており，免疫能の低下や広域抗生剤の投与による菌交代現象などが引き金となって発症する．

2) 深部皮膚真菌症

感染が表皮にとどまらず真皮・皮下組織あるいはさらに深部へ侵入する真菌症

は深部皮膚真菌症と呼ばれ，代表疾患はスポトリコーシスならびにクロモミコーシスである．こうした真菌感染症は，外傷などを介した原因真菌の組織内への侵入を端緒とする．

　3）深在性真菌症

全身の臓器や組織が真菌で侵される真菌症は深在性真菌症と呼ばれ，わが国における代表疾患はアスペルギルス症，カンジダ症，クリプトコックス症，ならびに接合菌症である[2]．クリプトコックス症を除く深在性真菌症は日和見感染症の色彩が強く，近年の医療の高度化に伴う易感染患者数の増加がその発生動向に大きく影響している．一方，形態的あるいは生理機能的な変化が生じた場合にも深在性真菌症が発症しやすい環境が成立する．陳旧性肺結核における浄化空洞や気管支拡張症などは，菌球型肺アスペルギルス症の重要な発症因子であるし，血管内カテーテルの留置，広域抗菌剤の投与はカンジダ血流感染症の重大な危険因子である．

b. 日本にみる病原性真菌（ヒトの疾病を引き起こすカビ）

ヒトはたえず環境中の真菌に曝露されているが，感染が成立するためには特定の真菌への曝露，宿主の免疫状態，環境等いくつかの条件がそろう必要があり，実際に真菌感染症を発症することはまれである．しかしながら真菌感染症は医療の分野で深刻な問題となっており，無視できない現状がある．本項では表在性真菌症ならびに深在性皮膚真菌症の原因真菌について概説し，深在性真菌症に関しては「日和見感染ならびに深在性真菌症」の項目で述べる．

　1）表在性真菌症

表在性真菌症の患者数は深部皮膚真菌症ならびに深在性真菌症のそれを大きく上回る．日本医真菌学会による疫学調査では白癬がその89.1%を占め，次いで表在性カンジダ症が8.4%，癜風などのマラセチア感染症が2.4%[3]である．

白癬：　本症を有している症例は2400万人ほど[4]いるとされており，病原性カビとして圧倒的多数を誇っている．白癬の代表的な原因真菌はトリコフィトン・ルブルム（猩紅色菌，*Trichophyton rubrum*）ならびにトリコフィトン・メンタグロフィテス（毛瘡菌，*T. mentagrophytes*，図6.9）であり，この2つで90%以上を占めている[4]．臨床的には環状皮疹を特徴とし，かゆみが著しい．治療の基本は抗真菌薬の外用であるが，爪や角質層の厚い皮膚では抗真菌薬の効果が劣るため内服治療が必要となる．

なお，皮膚糸状菌症として重視される人獣共通真菌感染症（ズーノーシス）と

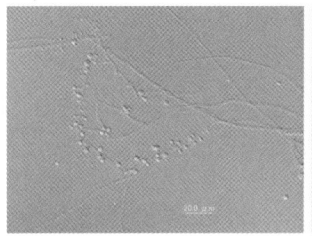

図 6.9 トリコフィトン・メンタグロフィーテス（写真：高鳥浩介）
左：形態，右：集落．

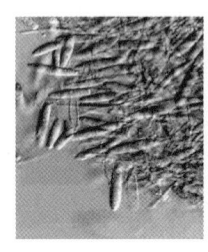

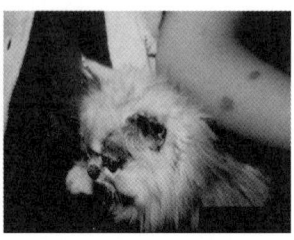

図 6.10 ミクロスポラム・カニス（写真：中島英子）
左：形態，右：ネコからの感染像．

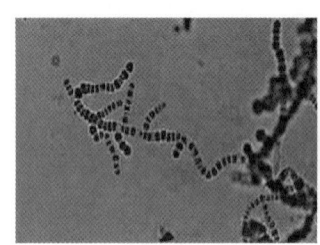

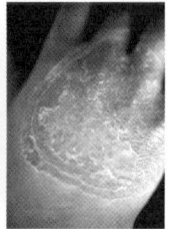

図 6.11 トリコフィトン・ベルコサム（写真：高鳥浩介）
左：形態，右：ウシからの感染像．

して，イヌ・ネコに感染するミクロスポラム・カニス（*Microsporum canis*, 図6.10）とウシに感染するトリコフィトン・ベルコサム（*Trichophyton verrucosum*, 図6.11）が知られている．

　皮膚カンジダ症： カンジダはヒトの消化管，腟，口腔などの粘膜や健常皮膚に常在する真菌である．皮膚カンジダ症の多くは患部を長期間不潔にした場合や，ステロイド剤の利用等の局所的な要因により，常在しているカンジダが発育し発症することが多い．治療の基本は抗真菌薬の外用であるが，難治性・広範囲

の皮膚カンジダ症では内服治療が必要となる．

皮膚マラセチア症：　マラセチアにより生じる感染症には癜風とマラセチア毛包炎があり，原因菌はマラセチア・グロボーサ（*Malassezia globosa*）であるとの報告がある[5,6]．癜風は慢性に経過し，体幹に細かい鱗屑を有する褐色斑を伴うが自覚症状に乏しい．本症は軽症例が多く抗真菌薬の外用で治療できることが多いが，広範囲に病巣が存在する場合や再発を繰り返す場合には内服治療が必要となる．一方，マラセチア毛包炎は毛包内でのマラセチア発育による感染症であり，臨床的にはドーム状の単一な紅色丘疹を特徴とし，かゆみを伴うこともある．外用抗真菌薬での治療が可能であるが，効果が得られない場合には内服治療を考慮する必要がある．

2)　深在性皮膚真菌症

外傷などを介して自然界に生息していた真菌が組織内へ侵入することに由来する真菌感染症であり，代表疾患はスポロトリコーシスならびにクロモミコーシスである．

スポロトリコーシス：　自然界に存在する土壌や朽木等に生息するスポロスリックス・シェンキー（*Sporothrix schenckii*，図6.12）を主とする真菌感染症である[7]．臨床的には固定型，リンパ管型，播種型に分類されるが，わが国では固定型が51％，リンパ管型が48％と報告されている[7]．病理組織学的には非特異的な慢性肉芽腫性炎症を呈することが多いが，スポロスリックス・シェンキーの菌体を検出することが困難なことも多く，確定診断には原因真菌の分離培養が重要となる．治療は薬物療法が基本で，第一選択薬はヨウ化カリウムである．その他，小病変であれば外科的切除のみで十分なこともある．

クロモミコーシス：　黒色真菌感染症とも呼ばれ，おもな原因真菌としてフォンセケア・ペドロソイ（*Fonsecaea pedrosoi*），フォンセケア・コンパクタ（*F.*

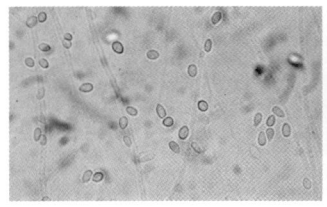

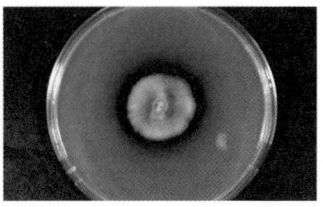

図6.12　スポロスリックス・シェンキー（写真：高鳥浩介）
左：形態，右：集落．

compacta),クラドスポリウム・カリオニイ(*Cladosporium carrionii*),フィアロフォーラ・ベルコーサ(*Phialophora verrucosa*),リノクラディエラ・アクアスペルサ(*Rhinocladiella aquaspersa*)等[7]が知られている.わが国において原因真菌として最も多いのはフォンセケア・ペドロソイであり,自然界では腐食した木材,土壌に生息している.下肢の皮膚露出部への感染頻度が高く,小さな丘疹として生じ次第に疣状となる.病理組織学的には非特異的な慢性肉芽性炎症を呈するが,組織内菌要素は muriform cell として認められる.治療は可能であれば周囲皮膚組織を含めた外科的切除ならびに追加で抗真菌薬投与を行う.

c. 日和見感染ならびに深在性真菌症

近年,医療技術の高度化によって重篤な疾患に対する治療成績は向上したが,易感染患者数は増加の一途をたどっている.このような状況で,元来は人体に対して病原性の弱い菌が,宿主の免疫能が低下したときに重篤な感染症をもたらすことがあり,これらの感染症は日和見感染と呼ばれる.特に,わが国を含む先進諸国における深在性真菌症の大半は,日和見感染症として発症するきわめて重篤な感染症である.

下平らの剖検統計に基づく発生動向調査[8]では,剖検例における深在性真菌症の頻度は多い順にアスペルギルス症,カンジダ症,クリプトコックス症,接合菌症と報告されている.

1)アスペルギルス症

アスペルギルス(コウジカビ)は,味噌,醤油,酒等の製造に利用されるなど,食品ともなじみの深い真菌である.病原性を有する菌種としてアスペルギルス・フミガタス(*Aspergillus fumigatus*,図6.13),アスペルギルス・ニガー(*A. niger*),アスペルギルス・フラバス(*A. flavus*),アスペルギルス・ニジュラ

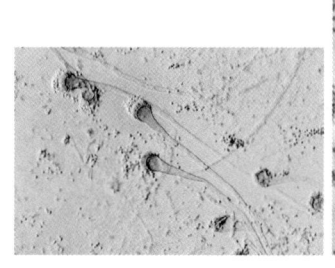

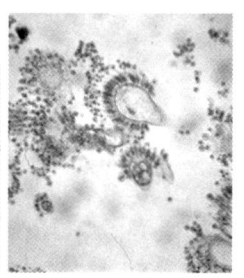

図6.13 アスペルギルス・フミガタス(写真:高鳥浩介)
左:形態,右:肺感染像.

ンス（A. nidulans），アスペルギルス・テレウス（A. terreus）が知られているが，多くはアスペルギルス・フミガタスによる感染である．アスペルギルスの分生子は空中に浮遊しており，誰もが日常的に空中に飛散した分生子を吸入しているが，マクロファージや好中球がすみやかに貪食・殺菌するため，通常は発症しない．しかしながらこれらの食細胞が減少あるいは機能低下していると，組織内に侵入・定着・発育してしまう．一方，食細胞の数や機能が十分であっても，肺に構造的疾患（特に空洞性）がある場合，分生子が食細胞の到達しない構造的疾患部位に蓄積してしまうため，肺アスペルギルス症を発症する場合がある．すなわち，アスペルギルス感染症は宿主の免疫状態や解剖学的変化によりさまざまな病型をとりうる．侵入門戸となる肺では菌球型肺アスペルギルス症に代表される非侵襲性肺アスペルギルス症，急性経過をたどる侵襲性肺アスペルギルス症，それらの中間型とみなされる慢性壊死性肺アスペルギルス症に分類され，多彩な病理組織学的所見が観察される．治療は病型によって大きく異なるが，菌球型肺アスペルギルス症は外科的切除が確実な治療法と考えられており，切除不能例には抗真菌薬長期投与による治療が必要となる．侵襲性肺アスペルギルス症に有効な薬剤としてボリコナゾールが使用されることが多いが，リポソーマル・アムホテリシンBが使用されることもある[9]．慢性壊死性肺アスペルギルス症においては，多くの場合治療期間が長くなるため，ミカファンギンやイトラコナゾールなどが推奨されている．

2) カンジダ症

カンジダはヒトの口腔内，皮膚，消化管などに常在する真菌であり，通常はヒト組織に侵入することはないが，進行した糖尿病患者などの易感染状態ではcolonizationの状態に陥り内因性真菌症の原因となる．最大の危険因子は中心静脈カテーテルの留置[10]であり，いったんカテーテルに付着したカンジダは血流を介して全身に播種するために，治療が遅れると播種性カンジダ症としての病態を示す．特に，カンジダ眼内炎は失明の危険性を伴う注意すべき疾患である．深在性真菌症の原因となるカンジダは複数あるが，最も病原性が高く，分離頻度の高いものとしてカンジダ・アルビカンス（Candida albicans）が有名である．ただし，近年カンジダ・アルビカンス以外のカンジダ属真菌，いわゆるnon-albicans Candida（NAC）によるカンジダ症が増加してきている[11]．現在，わが国では抗真菌薬としてアゾール系，ポリエン系，キャンディン系薬剤が使用可能であるが，NACはカンジダ感染症によく用いられるアゾール系薬剤に低感

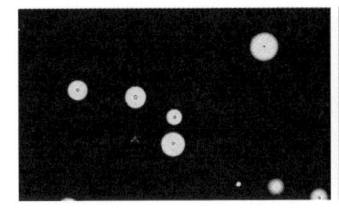

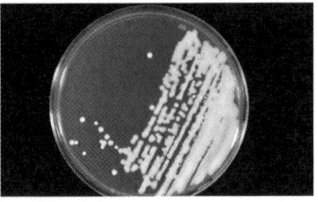

図6.14 クリプトコックス・ネオフォルマンス（写真：髙鳥浩介）
左：墨汁染色による莢膜，右：病巣からの分離培養．

受性であることに留意する必要がある．

3) クリプトコックス症

クリプトコックス症の原因真菌はクリプトコックス・ネオフォルマンス（*Cryptococcus neoformans*，図6.14）とクリプトコックス・ガッティ（*C. gattii*）であるが，わが国においてはほとんどがクリプトコックス・ネオフォルマンスによるものである[12]．クリプトコックス・ネオフォルマンスは通常土壌中に生息し，ハトなど鳥類の堆積糞中で発育し，乾燥によって空気中に飛散する．これらを経気道的に吸入した場合でも通常は肺胞マクロファージによって処理されるが，吸入した菌量が多い場合には健常者においても肺に感染巣が形成される．すなわち本症は健常人においても発症しうる真菌感染症であり，実際にわが国におけるクリプトコックス症の約半数は原発性肺クリプトコックス症として健常者に発症するといわれている．肺クリプトコックス症の確定診断は培養陽性率が低いため経気道的肺生検による病理組織学的診断が主となっているが，多くの場合肺に菌要素を被包した肉芽腫を確認することができる．一方，易感染患者に発症した場合には，真菌固有の病原性と宿主免疫反応のせめぎ合いが生体反応に如実に反映される結果，多彩な病理組織像を呈する．治療は重症度に合わせて行われるが，健常人に発症した肺クリプトコックス症ではフルコナゾールが第一選択薬として用いられている．

4) 接合菌症

接合菌は接合菌門に属する糸状菌であり広く自然界に生息しているが，ヒトに感染するのは接合菌門のなかでもムーコル目とエントモフトラ目である[13]．実際にはエントモフトラ症の発症は熱帯・亜熱帯地域に限られており，わが国ではムーコル目菌種の感染が接合菌症のほとんどを占めているため，ムーコル症が接合菌による感染症の総称として用いられることが多い．剖検例における深在性真

菌症の出現頻度としてはアスペルギルス症，カンジダ症，クリプトコックス症に次ぐ第4位であるが，近年その頻度の上昇が著しい[8]．

ヒトに対する主要な接合菌症の原因真菌はリゾプス・オリゼ（*Rhizopus oryzae*），リゾプス・ミクロスポルム（*R. microsporus* var. *rhizopodiformis*），アブシジア・コリンビフェラ（*Absidia corymbifera*），カニングハメラ・ベルトレチアエ（*Cunninghamella bertholletiae*）である．発症にかかわる危険因子として血液悪性疾患，糖尿病，免疫抑制療法，化学療法，骨髄・臓器移植などが指摘されているが，興味深いことに鉄キレート剤も危険因子である．鉄キレート剤の投与に伴い，他の主要な病原真菌（アスペルギルスやカンジダ等）は鉄イオンが取り込めなくなり発育が阻害されるのに対して，接合菌は鉄キレート剤から直接鉄イオンを取り込むことができ発育が促進されるからであると考えられている[14]．確定診断には培養検査，病理組織学的検査，遺伝子診断があり，補助診断法として血清診断，画像診断がある．病理組織上はほぼ垂直に分岐し隔壁に乏しく，幅が広い菌糸を示すことなどが特徴である．治療方針は早期診断ならびに適切な抗真菌薬の投与につきる．接合菌症に対してはポリエン系抗真菌薬に属するアムホテリシンBのみが有効であるが，感染部位に対して抗真菌薬の十分な浸透が期待できない場合には，外科的切除術を検討する必要もある．

d. 輸入真菌症

わが国と海外諸国との交流増大に伴い，従来日本には存在しないとされる真菌に流行地で感染し，帰国後に日本国内で発症する例が増えている．これらの真菌感染症は輸入真菌症と称されている．輸入真菌症の原因真菌は一般的に感染力が高く健常人でも発症しうるため，早期診断・治療が重要であるが，そのためには渡航歴の詳細な聴取が重要となる．代表的な輸入真菌症としてコクシジオイデス症，ヒストプラズマ症，パラコクシジデイオデス症，マルネッフェィ型ペニシリウム症，ブラストミセス症があげられるが，本項ではこれら5つの輸入真菌症について概説する．

1) コクシジオイデス症

おもな原因菌はコクシジオイデス・イミチス（*Coccidioides immitis*）ならびにコクシジオイデス・ポサダシ（*C. posadasii*）である．これらのコクシジオイデス属菌は自然環境下では菌糸形で生息しており，発育すると感染形態である分節型分生子を形成して飛散するが，この分節型分生子を吸入することで経気道感染を起こす．この分節型分生子は非常に飛散しやすく感染性が高いため，アメリ

カ南西部等で地域流行を起こすことでも知られている．アメリカでの感染例が約85％を占めており[16]，その感染者数は年間15万人ともいわれている[16]．多彩な病態を呈するが，わが国で診断される大部分は慢性肺コクシジオイデス症である．本症はわが国の感染症法で四類感染症に分類されており，診断後ただちに届出ることが義務づけられているが，一般検査室では培養検査を行えないことに注意する必要がある．症例ごとに症状や治療法が大きく異なるが，アゾール系抗真菌薬を主軸とした数ヶ月以上の抗真菌薬投与や外科的切除などが必要となる[11]．

2) ヒストプラズマ症

わが国における原因真菌はほとんどがヒストプラズマ・カプスラーツム (*Histoplasma capsulatum*) である[17]．本真菌は鳥やコウモリの糞で汚染された土壌でよく発育し，これらから飛散した分生子を吸入することで感染する．病態としては急性肺ヒストプラズマ症，慢性肺ヒストプラズマ症，播種性ヒストプラズマ症に大別され，確定診断には培養同定，塗抹・病理組織学的検査などが必要となる．なお，わが国におけるヒストプラズマ症例の約20％は海外渡航歴がないため，ヒストプラズマ・カプスラーツムの国内定着の可能性が危惧されている．自然軽快例も多いが，病態に応じてイトラコナゾール，アムホテリシンBなどの抗真菌薬を用いた薬物治療が勧められる．

3) パラコクシジデオイデス症

土壌から舞い上がったパラコクシジオイデス・ブラジリエンシス (*Paracoccidioides brasiliensis*) の分生子を吸入することで経気道的に感染する[16]．血清学的検査，喀痰や病変組織からの菌体確認が診断に有用である．本症の多くは慢性経過をたどるが，自然軽快することはないため，原則として全例治療が必要である．

4) マルネッフェイ型ペニシリウム症

ペニシリウム・マルネッフェイ (*Penicillium marneffei*) を原因真菌とした感染症であり[16]，土壌などからの経気道感染の可能性が指摘されている．東南アジアが流行の中心地であり，細胞性免疫の低下した場合，特にヒト免疫不全ウイルス (human immunodeficiency virus, HIV) における日和見感染の頻度が高い．発熱はほぼ必発で，全身リンパ節腫脹，肝腫大，貧血が出現する．治療の遅れが死亡率を高めるため，早期診断・治療が特に重要である．

5) ブラストミセス症

ブラストミセス・デルマチチジス (*Blastomyces dermatitidis*) の分生子を吸

入することで感染する[16]．感染者の半数は無症状であるが，急性肺炎を起こすこともあり，皮膚病変，粘膜潰瘍病変，骨関節病変，泌尿器病変などの頻度が高い．呼吸器検体からの培養は検出頻度が高く有用である．自然軽快することもあるが，再発や播種を予防するために治療が勧められる．

e. 治 療

真菌症は皮膚から深部臓器まで感染部位が多岐にわたるうえに，治療効果のある抗真菌剤が原因真菌により大きく異なる．さらに，抗真菌剤はヒトと同じ真核生物である真菌をターゲットとするため，副作用の発現頻度が高くなる．すなわち，原因真菌，患者状態ならびに病態に応じた抗真菌剤の選択が重要となる．現在，わが国で使用可能な深在性真菌症を対象とした抗真菌剤には，ポリエンマクロライド系，アゾール系，キャンディン系，フッ化ピリミジン系などがあるが，それぞれ作用機序が異なるため，本項では代表的な抗真菌剤について概説する．

1) ポリエンマクロライド系抗真菌剤

アムホテリシンBに代表されるポリエンマクロライド系抗真菌剤は真菌細胞膜の構成成分であるエルゴステロールに結合し，細胞膜のイオン透過性を崩すことで，各種真菌に対して強い殺菌効果を示す[18]．さらに，耐性菌の出現頻度が非常に低い特徴を有しているが，腎障害などの重篤な副作用が出現することがある．現在では，真菌細胞膜への選択性を向上させ毒性が軽減されているリポソーマル・アムホテリシンBが利用可能となっている．

2) アゾール系抗真菌剤

ミコナゾール，フルコナゾール，イトラコナゾール，ボリコナゾールに代表されるアゾール系抗真菌剤は細胞膜構成要素であるエルゴステロール合成を障害し，真菌の発育を阻害する．特に，ボリコナゾールは広い抗真菌スペクトラムを有しており，カンジダ，アスペルギルス，クリプトコックスのみならず，フザリウム等のまれな真菌に対しても抗真菌活性を有している．一般的に安全性が高い特徴を有しているが，他の薬剤との相互作用には注意を要する．

3) キャンディン系抗真菌剤

ミカファンギンに代表されるキャンディン系抗真菌剤は，真菌細胞壁の構成成分である β-D-グルカンの合成酵素を阻害することにより殺真菌的な効果を示す[19]．さらに，キャンディン系抗真菌剤の特徴として，副作用が少なく十分な安全性が確保されている点，他の抗真菌剤とは異なる作用機序を有するため併用によって相乗効果が得られる点があげられる．ただし，カンジダやアスペルギ

スといった真菌に効果を示す一方で，クリプトコックスや接合菌には感受性がないことが欠点である．

4）フッ化ピリミジン系抗真菌剤

フルシトシン（5-fluorocytosine）に代表されるフッ化ピリミジン系抗真菌剤は真菌のタンパク質合成阻害，DNA 合成・核分裂阻害により殺菌的効果を示す．残念ながら利用可能な真菌がカンジダ属，クリプトコックス属などの酵母に限られており，単独での使用は容易に耐性化を引き起こす．脳脊髄液への移行が早いため，クリプトコックス脳髄膜炎発症時に他の抗真菌剤と併用で用いられることもある．

本項で紹介した知見の一部は，「厚生労働省科学研究補助金 新興・再興感染症研究事業 輸入真菌症等真菌症の診断・治療法の開発と発生動向調査に関する研究 H22-新興・一般-8 ならびに H23-新興・一般-018」，「厚生労働省科学研究補助金 難治性疾患克服事業 特定疾患の微生物学的原因究明に関する研究 H20-難治・一般-35」，「平成 20 年度私立大学戦略的研究基盤形成支援事業」，「平成 23 年度私立大学戦略的研究基盤形成支援事業」，「文部科学省科学研究費補助金（研究課題番号：24790364）」，「一般財団法人横浜総合医学振興財団 萌芽の研究助成」，「東邦大学医学部柳瀬武司奨学基金」，「東邦大学医学部プロジェクト研究（研究課題番号 #23-19, #23-21, #23-28, #24-11, #24-16, #24-27, #24-28)」の補助により遂行された研究によることを記す．

（大久保陽一郎・渋谷和俊）

参 考 文 献

1) 加藤卓朗：皮膚真菌症と環境．日本医真菌学会雑誌，47：63-67（2006）
2) 山口英世：感染症―現状の問題点と未来への展望 真菌感染症．臨床と微生物，37：265-269（2010）
3) 渡辺晋一：糖尿病に合併する表在性真菌症の臨床 皮膚真菌症．日本臨床，66：2285-2289（2008）
4) 清佳 浩：専門医にきく子どもの皮膚疾患 白癬・癜風・皮膚カンジダ症・深在性皮膚真菌症．小児科診療，72：2182-2190（2009）
5) 清佳 浩：マラセチア感染症．Medical Mycology Journal，53：7-11（2012）
6) 神田奈緒子・渡辺晋一：皮膚真菌感染と自然免疫．皮膚アレルギーフロンティア，5：85-90（2007）
7) 松田哲男・松本忠彦：深在性皮膚真菌症．小児科診療，60：616-621（1997）
8) Shimodaira, K., et al.: Trends in the prevalence of invasive fungal infections from an analysis of annual records of autopsy cases of Toho University. Mycoses doi, 10：

1111/j.1439-0507.2012.02169.x．[Epub ahead of print]（2012）
9) 宮崎義継：免疫不全のない患者の真菌症．医学のあゆみ，225：219-221（2008）
10) 下野信行ほか：深部真菌感染症をめぐって　カンジダ症　カンジダ血症．臨床と微生物，38：129-134（2011）
11) 藤倉雄二：真菌感染．呼吸と循環，59：619-623（2011）
12) 三原　智ほか：クリプトコックス症．臨床と微生物，38：135-141（2011）
13) 大越俊夫：耳鼻咽喉科感染症の完全マスター　病原体をマスターする　真菌症，接合菌症（ムーコル症）．耳鼻咽喉科・頭頸部外科，8：147-151（2011）
14) 槇村浩一：病原体-宿主応答の視点からみた真菌感染症　接合菌症（ムーコル症）．臨床と微生物，34：719-722（2007）
15) 亀井克彦：旅行感染症　コクシジオイデス症とヒストプラズマ症．医学のあゆみ，206：419-422（2003）
16) 樽本憲人ほか：旅行者真菌症．臨床と微生物，38：167-172（2011）
17) 亀井克彦：海外旅行と真菌症　その注意点．医学のあゆみ，225：232-236（2008）
18) 栗原慎太郎・安岡　彰：抗真菌薬の使い方．臨牀と研究，86：1299-1304（2009）
19) 永吉洋介ほか：呼吸器疾患の新治療　キャンディン系抗真菌薬．呼吸，30：801-805（2011）

Column 10　日本の病原性カビ vs 世界の病原性カビ

　カビによる感染症は本書でも紹介されているように多様である．しかし実際の症例の大半は，普段の生活環境において無害であるカビが，人体の免疫力低下など特定の条件のもとで"謀反"を起こして感染する，いわゆる日和見感染症である．アスペルギルス症，カンジダ症，ムーコル症，黒色真菌症など，生活周辺でみられる身近なカビが原因となっていることが多い．

　通常「病原性」というと，病原体自体の感染力が強く，宿主の状態とは無関係に感染することを意味している．ところが，カビの多くは生体のコンディション（免疫力等）によって感染したりしなかったりするので，本来の病原性ではない．生体のバランスが崩れて弱ったところにカビの感染がみられ，深在性感染症となると重症から死亡するケースもある．

　皮膚糸状菌症（いわゆる「水虫」を含む）を別にすれば，日本には本来の病原性をもつカビはまれである．一方，海外には強力な感染力をもつカビが知られている．たとえば，コクシジオイデス症，ブラストミセス症，ヒストプラズマ症のような事例がある．これら日本にはなじみのないカビ感染症は，輸入真菌症と総称される．

　経済のグローバル化，および地球温暖化による気候変動の影響などにより，病原

性カビの世界地図が今後書き替えられる可能性は十分あり，注意深く監視を続ける必要がある．

6.2.3 中　　毒
a．カビと中毒

カビは目に見えるため，食品にカビをみつけるのは容易で，多くの人はその食品を捨ててしまう．そのため，カビを食べて食中毒を起こしたという例はほとんどない．食べたものにカビが生えていたことを後で知ったため，気分が悪くなったり，おなかの調子が悪くなったりすることはあるが，その原因がカビであるとの科学的証拠は報告されていない．

カビが原因として起こる中毒として最も問題になるのは，カビの産生するカビ毒によって引き起こされる健康被害である．カビは生物なので熱に弱く，調理過程の加熱処理によってほとんどが死滅してしまい生物活性を失うが，カビ毒は低分子であり，熱に強い性質をもつことから，加工や調理によって除去することができない．そのため，毒性活性をもったまま加工食品に残存する可能性がとても高く，食品衛生上，重要な問題となる．

今までヒトに対して食中毒を起こしたカビ毒の事例としては，コムギ，オオムギに汚染するトリコテセン系カビ毒（デオキシニバレノール，ニバレノール，T-2 トキシン，HT-2 トキシンなど），アフラトキシン，オクラトキシン A，フモニシンがある．これらカビ毒を産生するカビの種類はおもにアスペルギルス（*Aspergillus*），ペニシリウム（*Penicillium*），フザリウム（*Fusarium*）であり，非常に限られたカビしかカビ毒を産生しない．

b．急性毒性と慢性毒性

中毒には摂食してから数時間～数日以内に症状が出る急性毒性中毒と，数ヶ月～数十年をかけて症状が出る慢性毒性中毒に分けることができる．多くの場合，大量に摂取したときには急性毒性中毒が，少量を持続的に摂取したときは慢性毒性中毒が出ると考えられている．

一般に食中毒というと急性毒性中毒がイメージとして浮かぶが，カビ毒やそのほかの発がん物質などは，発がん性等の慢性毒性中毒も健康被害として考慮する必要がある．

表 6.10 に，食品に含まれるおもなカビ毒の急性毒性中毒と慢性毒性中毒をあげた．

表6.10 おもなカビ毒（マイコトキシン）およびその産生菌・汚染食品・毒性

カビ毒	おもな産生菌	おもな汚染食品	急性毒性	慢性毒性
アフラトキシン (B_1, B_2, G_1, G_2)	*Aspergillus flavus* *Aspergillus parasiticus*	ナッツ類，トウモロコシ，コメ，ムギ，ハトムギ，綿実，香辛料	肝障害	肝臓がん（人での疫学研究），免疫毒性
オクラトキシン A	*Aspergillus ochraceus* *Aspergillus carbonarius* *Penicillium verrucosum*	トウモロコシ，ムギ，ナッツ類，ワイン，コーヒー豆，レーズン，ビール，豚肉製品	腎障害	腎臓がん（動物実験），免疫毒性，催奇形性
トリコテセン系				
デオキシニバレノール	*Fusarium graminearum*	ムギ，コメ，トウモロコシ	消化器系障害（下痢，嘔吐）	免疫毒性
ニバレノール	*Fusarium culmorum*	ムギ，コメ，トウモロコシ	消化器系障害（下痢，嘔吐）	免疫毒性，IgA腎症
T-2，HT-2	*Fusarium sporotrichioides*	ムギ，コメ，トウモロコシ	食事性放射線障害（ATA症）	免疫毒性
フモニシン	*Fusarium verticillioides*	トウモロコシ	新生児神経管不全，腹鳴，腹痛，下痢	ウマ白質脳炎，ブタ肺水腫，肝臓がん（動物実験）
ゼアラレノン	*Fusarium graminearum* *Fusarium culmorum*	ムギ，ハトムギ，トウモロコシ	消化器系障害（下痢，嘔吐）	早熟，エストロゲン作用（動物実験）
パツリン	*Penicillium expansum*	リンゴ，リンゴ加工品	脳・肺浮腫，消化器障害（動物実験）	催奇形性（動物実験）

　アフラトキシンは，大量に摂取すると急性毒性中毒（アフラトキシコーシス）を起こす．おもな症状は肝障害であり，黄疸，急性腹水症，高血圧である．最近起こった事例では 2002 年ケニアで 317 人の罹患者のうち 125 人が死亡している．一方少量を長期間摂食することによってアフラトキシンは肝臓がんを誘発する，すなわち慢性毒性がヒトにおいて疫学的に証明されている．

　トリコテセン系カビ毒は，1950 年代に旧ソビエト連邦のシベリア地域において大きな食中毒事例を起こした．原因物質は T-2 トキシンという毒性の強いもので，大量に摂取することで急性毒性として白血球やリンパ球が減少し放射線障害のような症状が起こる．日本でもトリコテセン系カビ毒産生菌であるフザリウ

ム菌が生息しており，コムギやオオムギに汚染し，デオキシニバレノールおよびニバレノールを産生することが報告されている．デオキシニバレノールおよびニバレノールは上記にあげたT-2トキシンにくらべると毒性は低いが，第二次世界大戦の戦中戦後は食糧不足のため，カビの生えたコムギを原料にしたうどんやすいとんが出回り，全国でこれらを原因とした消化器障害（下痢，嘔吐等）が起こった．フザリウム菌は麦類に感染すると種実を赤くする性質をもつため，赤カビ病中毒とも呼ばれている．

オクラトキシンAは，急性毒性として腎障害が，慢性毒性として腎発がん性が指摘されているが，ヒトへの健康被害としては動物実験結果からの推測の域にとどまっている．フモニシンは，母親が大量に摂取することにより，胎児の神経管の発達に影響を及ぼすと考えられている．1990年代にメキシコとアメリカの国境地域で起こった新生児の神経管欠陥症とでは，フモニシンとの関係が問題となった．このような症状は急性毒性に分類されると考える．

c. カビ毒

1) アフラトキシン

アフラトキシンは，1960年代にイギリスで起こったシチメンチョウの大量斃死が発見の発端となった．原因究明の結果，餌に使用したラッカセイ油粕に生えたカビの産生するカビ毒が原因であることがわかった．このカビ毒はアスペルギルス属の一種であるアスペルギルス・フラブス（キイロカビ，*Aspergillus flavus*）が産生することから，アフラトキシン（aflatoxin）と名づけられた．その後，他のいくつかのアスペルギルスもアフラトキシン産生能があることが報告されている．アスペルギルス・フラブスの形態およびアフラトキシンの化学構造

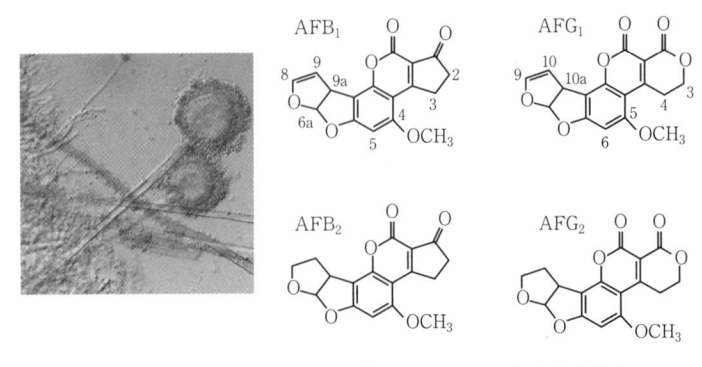

図6.15　アフラトキシン産生菌（*Aspergillus flavus*）と化学構造

式を図 6.15 に示した．アスペルギルスは南北緯度 40°の間に位置する高温多湿地域に生息していて，多くの農作物，ラッカセイ，トウモロコシ，綿花，木の実，香辛料，ココア，干しイチジクなどに起こる．アフラトキシンの汚染はおもに農作物を収穫した後の保存中に起こる，いわゆるホストハーベスト汚染と考えられてきたが，近年，干ばつなど植物の状態が悪い場合では収穫前の作物への直接汚染，すなわちプレハーベスト汚染も増加していることが報告されている．

アフラトキシンは多くの化合物の総称だが，食品での汚染事例が多いのはアフラトキシン B_1, B_2, G_1, G_2 である．特にアフラトキシン B_1 が汚染している飼料を餌として食べた家畜，特に乳牛では，体内で代謝され，アフラトキシン M_1 ができ，牛乳やその加工品であるミルク・チーズなどを汚染する．

アフラトキシンは，大量摂取により急性に肝臓障害を起こすが，食品に汚染するカビ毒の中で最も恐れられている理由は，その慢性毒性としての原発性肝臓がんにある．アフラトキシンは天然物中最強の発がん物質である．なかでも最も発がん性が高いのはアフラトキシン B_1 であり，アフラトキシン G_1 および M_1 はアフラトキシン B_1 の 10 分の 1 程度と推測されている．ヒトにおけるアフラトキシン B_1 の発がん性は疫学的研究により検証されており，国際がん研究機構（IARC）が行っている分類では，ヒトに発がん性があるグループ（グループ I）に分類されている．アフラトキシン G_1 および M_1 は，ともに実験動物で発がん性が実証されているがヒトでは十分な疫学的な証拠がない．アフラトキシンの発がんメカニズムは，遺伝子である DNA に直接損傷を起こし変異を起こす遺伝毒性によるものである．WHO／FAO のリスク評価機関である食品添加物・汚染専門家会議（JECFA）の行った毒性評価によると，アフラトキシン B_1 を 1 日体重 1 kg あたり 1 ng を一生涯摂取した場合，アフラトキシン B_1 原発性肝臓がんの発症リスクは健常人では 10 万人に 0.01 人であるという．特に慢性肝炎や肝硬変を患っている場合には，アフラトキシン B_1 の原発性肝臓がん発症リスクは健常人の約 30 倍高いとされている．日本では基準がある．

2) オクラトキシン A

オクラトキシン A は，高温多湿地域ではアスペルギルスが，温帯の寒冷地ではペニシリウムが産生するので，非常に広い地域で汚染が報告されている．図 6.16 に産生菌の 1 つであるアスペルギルス・オクラセウス（*Aspergillus ochraceus*）と，オクラトキシン A の構造式を示した．わが国でもコムギ，オオムギ，ライムギなどの穀類をはじめ，パスタ，ワイン，ビールやコーヒー豆など

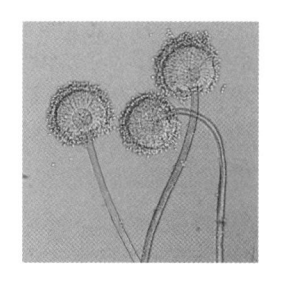

図6.16 オクラトキシン産生菌（*Aspergillus ochraceus*）とオクラトキシンAの化学構造式

に汚染が検出されている．特にヨーロッパ諸国（イギリス，ベルギー，ハンガリー，チェコ，ドイツ，ポーランド，スイス，ブルガリア，デンマーク，スウェーデンなど）では，食品にオクラトキシンAが汚染している頻度が高いため，独自の規制値を策定している．オクラトキシンAのおもな標的臓器は腎臓で，今まで研究に用いた動物すべてにおいて腎毒性が認められている．急性毒性はげっ歯類よりイヌ，ブタの方が感受性は高く，ヒトでも腎障害が懸念されている．オクラトキシンAは血液中に残存しやすい性質をもっており，ヒト（ボランティア）では840時間もの間，体内に残っていたという報告がある．

オクラトキシンAは実験動物で腎臓がんを引き起こすことが実証されている．しかし，そのメカニズムに関して，特に遺伝毒性を示すことについてはまだ，十分解明されていない．

3）トリコテセン系カビ毒

フザリウム属のカビは温帯に生息しており，日本もその生息域である．麦類への植物病原性をもっており，赤カビ病を発症させる．この発症に伴い毒素を産生する．この毒素を総称してフザリウム毒素と呼ぶが，トリコテセン系カビ毒，ゼアラレノン，フモニシンなどがある．麦類，トウモロコシおよびその加工品がおもな汚染食品である．日本でもフザリウム・グラミネアラム（*Fusarium graminearum*，ムギ赤カビ病菌）が生息しており，国産の麦にフザリウム毒素の汚染がみられる（図6.17）．図6.18にフザリウム・グラミネアラムとトリコテセン系カビ毒の構造式を示した．食品に汚染するトリコテセン系カビ毒にはT-2トキシン，ネオソラニオール，ジアセトキシスシルベノール（タイプA），ニバレノール，デオキシニバレノール，フザレノンX（タイプB）がある．タイプBはタイプAより毒性は低いと考えられている．トリコテセン系カビ毒に共

図6.17 ムギ赤カビ病(巻頭カラー口絵14参照)
フザリウム(アカカビ)が病原菌であり,出穂期から乳熟期にかけて気温が高く,長雨や曇天で高湿度が続くと多発する.感染した麦は赤褐色になり,発育が妨げられる.

	R_1	R_2	R_3	R_4	R_5
タイプA					
T-2	OH	OAc	OAc	H	OCOCH$_2$CH(CH$_3$)$_2$
HT-2	OH	OH	OAc	H	OCOCH$_2$CH(CH$_3$)$_2$
タイプB					
NIV	OH	OH	OH	OH	OH
DON	OH	H	OH	OH	OH

図6.18 トリコテセン系カビ毒産生菌(*Fusarium graminearum*)と化学構造式

通した毒性として,タンパク合成阻害,核酸合成阻害,免疫毒性がある.

日本ではおもにオオムギ,コムギにデオキシニバレノールおよびニバレノールが汚染する.デオキシニバレノールは世界中のムギ類に汚染しており,国際的にも問題となるため,そのリスク評価は国際機関において行われている.わが国で

も暫定基準値が決められている．しかし，ニバレノールに関しては，世界的にみても日本，韓国，ニュージーランド，イギリス，ヨーロッパの一部など限られた地域しか汚染地域はないため，国際的には問題にされていない．そこで，日本は世界に先駆けてニバレノールのリスク評価を食品安全委員会で行っている．今後この評価は基準値に反映されることとなるであろう．

トリコテセン系マイコトキシンの慢性毒性としては，顕著な発がん性はみられないものの，強い免疫毒性を表す．感染症などから防御する免疫担当細胞，すなわちマクロファージや好中球などの機能に影響し，サルモネラやリステリアなどの感染症にかかりやすくなることが動物実験によって報告されている．また，トリコテセン系マイコトキシンそのものに発がん性はないとしても，がんに対する免疫抵抗性を低下させることにより発がんリスクを上げることは十分に予見できることなので，免疫抵抗性への影響はトリコテセン系カビ毒の毒性として重要な項目である．

4) パツリン

パツリンはペニシリウム・パツラム（*Penicillium patulum*）が産生する抗生物質として発見されたためパツリンという名前がついたが，その後急性毒性があることがわかり，カビ毒に分類された．ペニシリウム，アスペルギルス，ビソクラミス（*Byssochlamys*）などがパツリンの産生菌として報告されているが，わが国で一番多い種はリンゴに寄生する腐敗菌ペニシリウム・エクスパンサム（リンゴ青カビ病菌，*Penicillium expansum*）である．図6.19にペニシリウム・エクスパンサムとパツリンの化学構造を示した．

パツリンは，マウス，ラット，ハムスター，モルモット，イヌおよびニワトリなどに対して致死毒性があり，大量投与により胃，腸，肝臓，肺などに充血，出

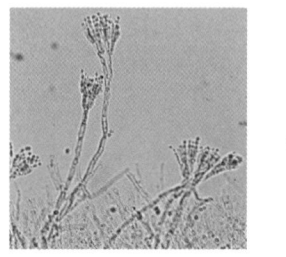

図6.19 パツリン産生菌（*Penicillium expansum*）と化学構造式

血，壊死などを引き起こすが，今までにヒトへの健康被害の報告はない．パツリンは吸収された後短時間で解毒されるため，発がんの可能性は低いと考えられる．

パツリンは，リンゴジュースやリンゴの加工品から検出されることから，消費量が比較的多い乳幼児や子供への健康被害が懸念される．そのため，コーデックス基準に準じて2004年にリンゴジュース中のパツリンに $50\,\mu g/kg$ の基準値が設けられた．

5) フモニシン

フモニシンはフザリウムが産生するカビ毒の1つで，おもにトウモロコシおよびその加工品から検出される．最近はダイズやコムギからも検出する例がみられる．ウマの白質脳症やブタの肺水腫の原因物質として注目され，1988年にフザリウム・バーティシリオイデス（トウモロコシ赤カビ病菌，*Fusarium verticillioides*）の培養物からフモニシン B_1, B_2 が発見され，構造が決定された．食品に頻度高く汚染するのは B_1, B_2, B_3 の3種類であり，最も毒性が強いのはフモニシン B_1 である．図6.20にフモニシン産生菌のフザリウム・バーティシリオイデスとフモニシン B_1 の構造式を示した．フモニシンの生理活性として知られているのは，細胞の糖脂質成分であるスフィンガニンのアナログとして，スフィンゴリピッド生合成系に重要な役割をもつ酵素（N-アシルトランスフェラーゼ）の働きを阻害することである．

ヒトへの健康被害としては，1990～1991年にかけてアメリカとメキシコの国境付近で神経管閉鎖障害をもった出生児が増加し，フモニシンとの関連が報告された件がある．この障害の予防には葉酸が必須であるが，フモニシンは葉酸の胎盤輸送を阻害する作用があり，このような障害が出ると考えられている．

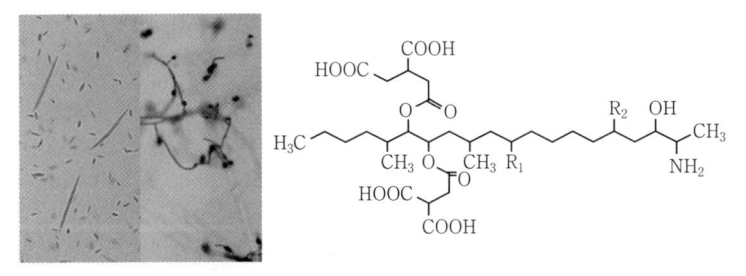

図6.20 フモニシン産生菌（*Fusarium verticillioides*）とフモニシン B_1 構造式

南アフリカおよび中国での食道がん多発地帯では，フモニシンと発がん性との関係が注目されているが，確証的な証拠は得られていない．またフモニシン B_1 の肝臓がん発がん性は実験動物では確かめられているが，ヒトでの疫学調査はまだ得られていない．

国際的なリスク評価は行われているが，食品への基準は一部の国に基準はあるものの国際的にもまだ決められていない．日本では，食品添加物であるムラサキトウモロコシ色素に対して，0.3 mg/kg 以下と決められている．

6) 黄変米毒

第二次世界大戦後の食糧難の時代，エジプトから輸入されたコメに黄色に変色したものが多数混在しており，変色米からペニシリウムが分離された．これらのカビからいくつかのカビ毒が発見され，総称して黄変米毒と呼ばれている．黄変米毒は，日本人の主食であるコメに汚染するカビ毒なので，他のカビ毒と同様，わが国では注意深いモニタリングが必要である．

シトリニンも黄変米カビの1種として分離されたペニシリウム・シトリナム（シトリナム黄変米菌，*Penicillium citrinum*）から産生される毒素である．図 6.21 はペニシリウム・シトリナムとシトリニンの化学構造式である．1990 年代になり，醸造や紅麹色素の生産に用いられるモナスカス（ベニコウジカビ，*Monascus*）もシトリニンを産生することがわかり，食品添加物として，紅麹色素のシトリニン含有量は $0.2\,\mu g/g$ 以下と決められている．

シトリニンの毒性は腎障害である．多くの場合オクラトキシンAとともに検出されることが多く，オクラトキシンAも腎毒性をもっていることから，両汚染による腎毒性の相乗作用が心配される．発がん性は動物実験においてのみ認められているが，明確ではない．ペニシリウム・イスランジカム（イスランジア黄

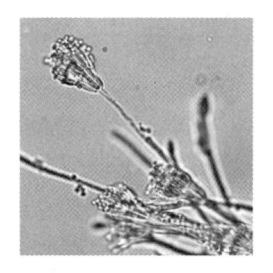

図 6.21 シトリニン産生菌（*Penicillium citrinum*）と化学構造

変米菌, *Penicillium islandicum*) もルテオスカイリンとシクロクロロチンの2種類の黄変米毒を産生する．これらのカビ毒は，実験動物に肝臓がんを引き起こす危険性があるとして注目された．しかし国産米からこれらの毒素が検出されたことはない．

7) ゼアラレノン

ゼアラレノンは，フザリウム毒素の1種であり，日本ではコムギおよびオオムギにおいてトリコテセン系カビ毒（デオキシニバレノール，ニバレノール）との共汚染事例が多く報告されている．ゼアラレノンは，内分泌攪乱物質の1つで，強いエストロゲン活性を有す．おもにヒトに対してより家畜（ブタ）に対する生殖障害のほうが問題が大きく，経済的喪失を招く．ウシなどの反芻動物の胃の中ではゼアラレノンは代謝され，α-ゼアラレノール，α-ゼアララノール，β-ゼアラレノール，β-ゼアララノールになる．代謝物も含めてのエストロゲン作用はα-ゼアララノール＞α-ゼアラレノール＞β-ゼアララノール＞ゼアラレノン＞β-ゼアラレノールであるので，反芻動物への影響も心配される．そのため，飼料中のゼアラレノンは1 mg/kgで規制されている．

d. 日本のカビ毒問題

わが国では，自給率の下落に伴い輸入食品への依存がますます高まってきている．輸入食品が増加すると，いろいろな国からの食品が日本のマーケットに流入する．それらの食品が輸出国でどのように栽培・収穫され，加工され，保管されているかという情報は少ないことが多い．そのため，その食品がカビ毒に汚染されているどうかは検査してみないとわからない．健康被害を引き起こす可能性があるカビ毒，特に国際基準がすでに決められているカビ毒に関しては，特にその汚染に注意が必要である．輸入食品中のカビ毒による健康被害を未然に防ぐためには，国際的な整合性を考慮に入れた基準値の策定が効果的である．しかしながら，現状ではわが国におけるカビ毒に対する基準値の設定は十分とはいえない．今後加速的な基準値策定が望まれている．

e. 規　制

表6.11に，2012年8月現在のカビ毒にかかわる規制，および国際基準であるコーデックス基準値をあげた．アフラトキシンは発がん性が強いことから，コーデックス基準のみならず諸外国で独自の規制をもっている．日本は，2011年までアフラトキシンB_1のみに規制があったが，世界的な動向に合わせるために総アフラトキシン（アフラトキシンB_1，B_2，G_1，G_2）に対して規制することにな

表6.11 食品中のカビ毒素についてのわが国の規制値と国際的な規制値

	トータルアフラトキシン	アフラトキシンM_1	オクラトキシンA	デオキシニバレノール	パツリン
日 本	全食品 10 µg/kg	なし	なし	玄麦 1.1 mg/kg (暫定)	リンゴジュース 50 µg/kg
コーデックス	加工用ピーナッツ, 加工用木の実 15 µg/kg (直接消費用) 10 µg/kg	牛乳 0.5 µg/kg	穀類 5 µg/kg	なし	リンゴジュース 50 µg/kg

った. 対象はすべての食品であり, 管理水準を 10 µg/kg に決め, その値以上検出されてはいけないことになっている. パツリンはリンゴジュースに対する汚染実態調査の結果を受け, また, 国際的なハーモナイゼーションの一環として, リンゴジュースに対して 50 µ/kg 以上は含まれてはいけないとの規格基準を設定した. デオキシニバレノールは, 日本にもその産生菌が生息しており, その汚染による健康被害を未然に防ぐ目的から, 2004 年にコムギ玄麦に対して暫定的に 1.1mg/kg の基準値を設定した. カビ毒を含有している可能性の高い天然添加物に対してはシトリニンおよびフモニシン含有量の基準がつくられている. 今後, コーデックス基準が定まっているカビ毒を対象に, 日本での基準が検討される予定である.

(小西良子・渡辺麻衣子)

第7章
カビを防ぐ

7.1 カビを抑えること

これまでの章で述べられているように，衣食住にかかわる人間の生活環境でカビが発生すると，不快感を与える，アレルギーや感染症をもたらす，毒素をつくって中毒やがんを発生させる，などの問題が起こる．そのため，それらの原因となる有害なカビの発生を防ぐ必要がある．

カビは生活環境のいたるところに存在しているので，それらの対象のものや場所に存在するカビの菌糸や胞子に対して，いろいろな処理や処置を施して制御しなければならない．これは広い意味での防黴（防カビ）であるが，カビへの作用のタイプから殺カビ法，静カビ（カビ発育抑制）法，除菌（除カビ）法に分けら

表7.1 カビの制御方法

制御方法	作用	特徴
物理的方法		
加　熱	殺　滅	胞子は菌糸よりやや耐熱性で，高温性のものはさらに抵抗性．
乾　燥	発育抑制	好乾性カビでも相対湿度65％以下で発育不可．
紫外線	殺　滅	胞子はかなり抵抗性で，細菌胞子より強いものいる．
放射線	殺　滅	細菌胞子よりも弱く，細菌栄養細胞より弱い．
超音波	殺　滅	キャビテーション作用と活性酸素発生．
超高圧	殺　滅	胞子も比較的感受性．
膜ろ過	除　去	胞子は小さい孔径のものが必要．菌糸は粗いメッシュのものでも捕捉可能．
電気的捕捉	除　去	塵埃とともに帯電させて集める．
化学的方法		
殺カビ剤，消毒剤	殺　滅	多様な用途があり，有機系と無機系が含まれる．
抗カビ（静カビ）剤	発育抑制	各種産業で利用されるが，残留性や安全性に配慮必要．
抗真菌剤	殺滅・抑制	真菌症の治療に利用される．
保存料	発育抑制	おもに食品・化粧品に利用されるものを指す．
光触媒	殺滅・抑制	制御作用には光（紫外線）が必要．

れる．殺カビ法のうち，対象カビが病原性をもつ場合は消毒の範疇に入れられ，またカビを含めてすべての微生物を殺滅する場合は滅菌と呼ぶ．滅菌は殺菌の究極的意味をもち，無菌状態を生ずる操作である．静カビ法はカビ胞子の発芽や菌糸の発育を阻害・抑制する方法であり，殺す方法ではない．抗カビ法は，一般には殺カビ法と静カビ法の両方にまたがって用いられる．カビの除去は除カビということになるが，この操作により無菌状態を生ずることも可能であることから，厳密には無菌化の用語の方が好ましい．このほか，制御対象物から見た場合，カビを含む微生物だけでなくその質的状態や外観を維持する目的では保存の用語が，微生物による腐敗を防ぐという意味では防腐の言葉も用いられる．

カビの制御には表7.1に示すようにいろいろな方法があり，大きくは物理的な方法と化学的な方法に大別される．表に示した主要な制御方法について以下に述べる．

7.2 物理的な制御

7.2.1 熱

熱は物理的制御法の代表として広く用いられるもので，水分の存否によって湿熱と乾熱に分けられる．カビに限らず微生物に対する殺滅作用の特性はこれら2つの方法の間で大きく異なる．湿熱による死滅の速度は加熱温度の上昇とともに急速に上昇するが，乾熱による場合はそれほど大きくは変化しない．

ある一定の温度で微生物を加熱処理したとき，一般にその死滅は一次反応に従い，加熱時間に対して生存数の対数をプロットしたとき生存直線が得られる（図

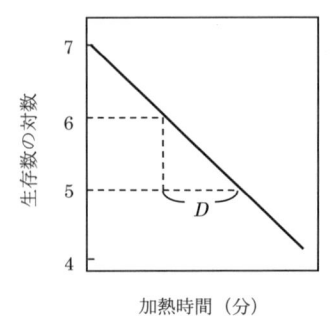

図7.1 加熱処理による対数的死滅を表す生存曲線と D 値

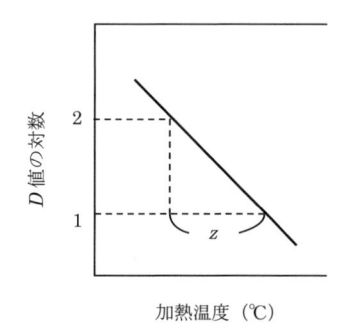

図7.2 D 値の対数と加熱温度との関係を示す熱耐性曲線と z 値

7.1).この図で生存数が1桁低下するのに要する時間を D 値（単位は分）と呼び，この値が小さいほど死滅が速く起こることを意味する．さらにこの D 値をいろいろな加熱温度でとり，それらの対数値を温度に対してプロットすると，ここでも直線が得られ，この図を熱耐性曲線または熱破壊曲線という（図7.2）．この図で，D 値が1桁変化するのに対応する温度差を z 値（単位は℃）と呼び，加熱温度が変化したときに死滅の速さがどの程度変動するかを表す指標として用いられる．z 値が小さいほど，少しの温度変化で死滅速度が大きく変化することを意味する．

　カビは比較的熱に弱く，細菌の場合と比べて，胞子の熱抵抗性は栄養菌糸との間でさほど差がない．表7.2に，おもなカビの湿熱に対する抵抗性指標の D 値を示した．一般のカビ胞子では，pHや共存物質の種類などの加熱環境にもよるが，52〜60℃の温度で1分前後から数十分の程度の範囲にあり，中温性細菌の栄養細胞と同程度である．しかし，ビソクラミス (*Byssochlamys*)，ネオサルトリア (*Neosartorya*)，タラロマイセス (*Talaromyces*) などの耐熱性カビでは熱抵抗性が高く，80℃でも10〜80分の比較的高い値を示す．z 値はカビの種類やpH・栄養分などの加熱環境にいくらか影響を受けるが，特に水の存在に依存し，湿熱では4〜8℃であるが，乾熱ではその倍以上となる．

　湿熱による殺菌の要因は，タンパク質の変性にあると考えられている．一方，乾熱の場合はまだよくわかっていないが，細菌胞子についての研究ではDNAの損傷が主因である可能性が示唆されている．

表7.2　カビ胞子の熱抵抗性[13]

カビ名	加熱媒体	pH	加熱温度 (℃)	D 値 (分)
アスペルギルス・フラブス	緩衝液	5.0	52	45
アスペルギルス・ニガー	緩衝液	7.0	60	0.97
	緩衝液	7.0	58	3.8
	緩衝液	5.0	58	6.5
ビソクラミス・ニベア	生理食塩水	3.5	80	11〜76
ゲオトリクム・カンディダム	培地	7.0	52	42
モナスカス・ルーバー	緩衝液	7.0	80	1.66
ペニシリウム・シトリナム	緩衝液	3.5	60	0.16
ペニシリウム・ロックェフォルティ	緩衝液	3.5	60	0.24
ネオサルトリア・フィシェリ	緩衝液	7.0	80	18〜51
タラロマイセス・フラブス	緩衝液	7.0	80	11

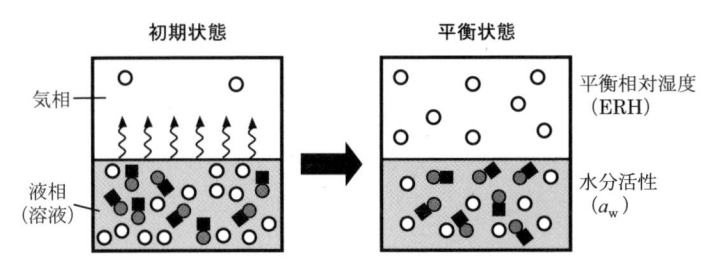

図7.3 水分活性と相対湿度

7.2.2 乾　　燥

　液相における水には自由水と結合水とがある．自由水は遊離水とも呼ばれ，溶液中で分子として運動しやすい状態にあり，蒸発して水蒸気となって気相中の湿度を上昇させる（図7.3）．カビがその発育に利用できるのは自由水である．一方，後者の結合水は，イオンや糖などの溶質分子と結合して運動が束縛されている水である．液相の溶液中の自由水の割合を表す指標として，水分活性 a_w が用いられる．

$$a_w = \frac{p}{p_0}$$

表7.3　カビの発育可能な最低水分活性（文献[2]を改変）

カビ名	最低発育水分活性
好湿性	
アルタナリア・アルタナタ	0.94
ボトリチス・シネレア	0.94〜0.92
クラドスポリウム・ハーバルム	0.94〜0.88
ムーコル・ラセモサス	0.92〜0.88
リゾプス・ストロニファー	0.92〜0.84
耐乾性	
アスペルギルス・ニガー	0.88〜0.77
アスペルギルス・フラブス	0.86〜0.80
ペニシリウム・エクスパンザム	0.86〜0.82
ペニシリウム・クリソゲナム	0.84〜0.82
好乾性	
ユーロチウム・レペンス	0.80〜0.71
ユーロチウム・チェバリエリ	0.80〜0.65
ワレミア・セビ	0.77〜0.75
アスペルギルス・レストリクタス	0.75
ユーロチウム・アムステロダミ	0.75〜0.72

ここで，p は溶液と平衡にある密閉系の気相中の水蒸気圧であり，p_0 は純水と平衡にある気相中の水蒸気圧である（図7.3）．

相対湿度（RH）は気相中の水分量を表す指標である．密閉系での平衡下での相対湿度は平衡相対湿度（ERH）と呼ばれ，水分活性と次の関係にある（図7.3）．

$$\text{ERH} = a_w \times 100$$

したがって，閉めきった浴室で浴槽のふたを開けたままにしていると，蒸発した水分によって相対湿度が上昇し，カビが生えやすい環境がもたらされることになる．

カビは一般に水分を好み，湿気の多いところで繁殖するが，カビの種類によって発育できる最低の相対湿度は異なり，好湿性カビ（相対湿度90〜100％），耐乾性カビ（相対湿度80〜89％），好乾性カビ（相対湿度65〜79％）に分けられる（表7.3）．

7.2.3 紫外線

紫外線は電磁波の一種で，100〜400 nm の波長をもつ．太陽光にも含まれるが，人工的には紫外線ランプによって照射する方法が用いられる．紫外線の種類として，100〜280 nm のものは UV-C，280〜315 nm のものは UV-B，315〜400 nm のものは UV-A と呼ばれる（図7.4）．殺菌には 250〜260 nm の波長のものが用いられ，この分野で単に紫外線という場合は UV-C を指す．この波長域の紫外線は，核酸，特に DNA の吸収極大の波長と一致し，DNA に損傷を与えることによって死滅を引き起こす．

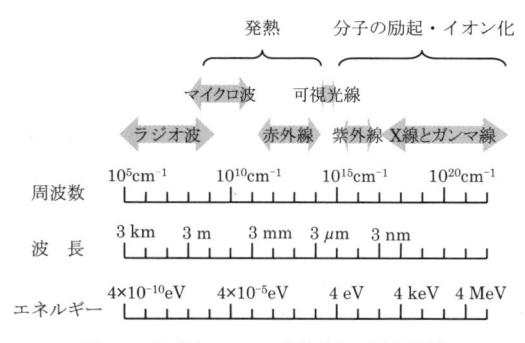

図7.4 電磁波における紫外線と電離放射線

表7.4 カビとその他の微生物の紫外線耐性（文献[1]を改変）

微生物名	90%殺滅に要する照射線量 ($\mu W \cdot s \times 10^3/cm^2$)
カ ビ	
ユーロチウム・ルブラム	50〜100
アスペルギルス・フラブス	50〜100
アスペルギルス・ニガー	200
ムーコル・ラセモサス	20〜50
ペニシリウム・ジギタータム	50〜100
ペニシリウム・エクスパンザム	20〜50
酵 母	
サッカロマイセス・セレビシエ	3〜8
サッカロマイセス・エリプソイデス	5〜10
細 菌	
大腸菌	2.1〜6.4
緑膿菌	5.5
枯草菌（栄養細胞）	6〜8
枯草菌（胞子）	8〜10
ミクロコッカス	10〜20
黄色ブドウ球菌	4〜5

　紫外線の照射線量は，照射強度と照射時間をかけたもの（$\mu W \cdot s/cm^2$またはJ/m^2）として示され，横軸に線量を，縦軸に生存率の対数をとれば，直線関係が得られる．一般には，一定生存数まで低下させるのに要する線量によって殺菌効果が表される．

　生存率を0.01%にまで低下させる（99.9%殺滅する）のに要する照射線量として表したカビの紫外線耐性を，他の微生物についてのデータとともに表7.4に示す．

　家庭内で紫外線ランプを使用することはないが，日常生活ではふとんやシーツなどの日干しが有効で，太陽光中の紫外線によって殺菌される．製造環境や病院などでは空気中の微生物の殺滅に紫外線ランプが用いられ，また工場などでの洗浄用水や原料用水などの液体，食品や包装材の表面における殺菌・殺カビにも利用される．

　紫外線の欠点の1つとして人体への影響がある．また紫外線は電磁波としては透過力が弱く，水の場合は水面からある程度の深さまでしか殺菌できない．

7.2.4　放　射　線

　紫外線よりも波長が短く，高いエネルギーをもつ電磁波であるガンマ線やX

7.2 物理的な制御

表 7.5 カビとその他の微生物のガンマ線耐性（文献[14,15]より抜粋）

カビ名	90%死滅に要する吸収線量* (kGy)
アスペルギルス・フラブス（分生子）	0.24
アスペルギルス・ルーバー（分生子）	0.29
アスペルギルス・ルーバー（子のう胞子）	0.58
ペニシリウム・シトリナム（分生子）	0.18
ペニシリウム・イスランジカム（分生子）	0.18
クラドスポリウム	1.15
リゾプス	0.30
フザリウム	0.50

*：0.067M リン酸緩衝液中，好気条件下で照射．

線，電子線などは，分子の励起やイオン化を起こす電離放射線で，単に放射線とも呼ばれる（図7.4）．わが国では，これらの放射線を食品中のカビを含めた微生物を殺滅する目的で使用することは法的に許可されていないが，海外では限定された範囲の食品や飼料などに対して実用化されている．

放射線の量と強さは，吸収線量単位である Gy（グレイ）で表される．ガンマ線に対するカビの抵抗性は表 7.5 に示すとおりで，多くのカビの D 値は 0.2～0.4 kGy である．

7.2.5 その他の物理的処理

その他のカビ制御法としては，低温処理，超高圧処理，高電圧パルス処理などの静カビ・殺カビ処理や，ろ過などによる除菌（カビ）処理があげられる．

カビの発育は低温ほどその速度が低下するので，発育可能な最低温度以下に下げればまったく発育できなくなる．超高圧は殺菌・殺カビ対象物を水で占められた密閉容器内に入れて加圧処理する方法で，この圧力は静水圧と呼ばれ，容器内に一様に圧力がかかるので，均一処理が可能である．比較的低めの高圧では静カビ作用をもつが，超高圧では殺滅作用を示す．

高電圧パルス処理は，コンデンサーに蓄えた電気エネルギーを放電装置によって一瞬に放電させ，高電圧で短時間のパルスを得る方法である．この放電の中にカビなどの微生物が存在していると，その細胞膜内外に電位差ができて膜に孔があき，細胞は熱によらない電気的な作用によって死滅する．

除菌（除カビ）処理としての清浄化は，フィルターによるろ過が一般に利用される．フィルターにはデプスフィルターとスクリーンフィルターがあり，前者は

厚みがあってその途中でカビ胞子などをひっかけてとどめるもの，後者は小さい孔があいたもので，ろ過目的の対象物の大きさよりも孔が小さいものを選ぶ．産業界や病院・研究機関などではクリーンベンチや無菌室にHEPA（high efficiency particulate air，高効率エア）フィルターが汎用され，日本工業規格では定格風量で粒径 $0.3\,\mu m$ の粒子を99.97％以上捕集できるものと規定している．

7.3 化学的な制御

7.3.1 殺カビ剤，消毒剤

　カビを殺滅する薬剤が殺カビ剤であり，医療器具や各種産業で用いられるが，これには細菌に作用力をもつものも多く，殺菌剤として特に区別されないことが多い．また，消毒剤もカビを殺滅する作用があるので，殺カビ剤に含めて考えられる．消毒剤は病原性をもつ微生物を殺滅する作用をもつ薬剤を指し，これにはカビだけでなく細菌やウイルスなども作用対象に含まれる．

　殺カビ剤には有機系のものと無機系のものとがある．医用材料や医療器具などの分野では，有機系でアルキル化剤であるエチレンオキシドや，高真空下で高周波やマイクロ波によって生じるガス状の過酸化水素プラズマが利用される．オゾンは，水中および気中でカビを含む種々の微生物の殺滅処理に用いることができる．これは分解してできる発生期の酸素と呼ばれる原子状酸素が強い酸化力をもつことによる．

　工業用防カビ剤は，塗料や金属加工油，木材，プラスチックやゴム，皮革，接着剤，紙・パルプの製品・製造工程などで用いられる．以下におもなものをあげる．

　有機系のトリアジン系殺菌・殺カビ剤は，縮合しているホルムアルデヒドを放出することによって作用を示す．イソチアゾロン系薬剤は，分子内の窒素-イオウ結合が開裂して微生物細胞成分と反応し，効果を示す．ベンズイミダゾール誘導体では，2-(4-チアゾリル)ベンズイミダゾールなどがあり，カビに対して有効である．

　無機系のものとしては，銀置換ゼオライトが広く利用されている．このほか，銅や亜鉛も殺カビ作用のある金属として知られている．抗菌加工製品で用いられるこれらの金属は，殺菌・殺カビ作用よりも発育阻害を意図した防カビの目的で使用される．7.3.5項で述べる光触媒に補助的に加えられることもある．

7.3 化学的な制御

表 7.6 おもな消毒剤（文献[5,6]を改変）

分　類	薬剤名	おもな用途
アルコール	エタノール	皮膚，医療器具，食品，化粧品
	イソプロパノール	皮膚，医療器具
ハロゲン	ポビドンヨード	皮　膚
	ヨードチンキ	皮　膚
	次亜塩素酸ナトリウム	
ビグアナイド	クロルヘキシジングルコン酸塩	皮膚，医療器具
第4アンモニウム塩	塩化ベンザルコニウム	皮膚，医療器具
	塩化ベンゼトニウム	皮膚，医療器具
アルデヒド	グルタラール	医療器具
酸化物	過酸化水素	医療器具，漂白，容器
	過酢酸	容器，酸化剤
電解水	強酸性水	皮膚，医療器具，調理器具

消毒剤の中では，酸化剤系とアルデヒド系が最も効力が大きく器具類や容器などの殺カビ・消毒に用いられ，カビだけでなく細菌胞子にも殺滅作用を示すが，生体には使用できない．次亜塩素酸ナトリウムやエタノール，ポビドンヨードは中位の作用力をもち，界面活性剤やビグアナイド系は弱いが生体への安全性が高い．おもな消毒剤とそれらの用途を表7.6に示す．

アルコール系薬剤として最も広く用いられるものは，70％エタノール（消毒用エタノール）である．揮発性に富み，残留毒性の心配もなく，扱いやすい薬剤である．カビに対する作用も比較的強く，溶液系よりも揮発状態で効果が大きいとされる．イソプロパノールは，50～70％の濃度で使用され，エタノールより殺カビ作用は強いが刺激臭がある．

酸化剤系薬剤として代表的なものは，過酸化水素と過酢酸である．過酸化水素はオキシドールとして傷口などの消毒や環境の殺菌・殺カビに用いられる．過酢酸は過酸化水素よりも殺滅作用がかなり強力で，これも食品容器や諸環境を汚染するカビなど微生物の殺滅に用いられる．

ハロゲン系薬剤には塩素系とヨード系がある．次亜塩素酸ナトリウムは塩素系の代表的薬剤で，酸性側で効力が大きいが，有機物の影響を受けやすい．有効塩素濃度として一般に50～200 ppmで広く使用される．強酸性電解水は，隔膜をもつ電解槽で食塩水を電気分解したときに得られる陽極側に生成するpH2.7の溶液で，作用本体は次亜塩素酸である．簡便に調製できることから，医療機関などで近年汎用されている．二酸化塩素系では，二酸化塩素と亜塩素酸ナトリウムがあり，ともに殺菌力と漂白力をもち，アルカリ側で作用が大きい．

界面活性剤系では陽イオン性のものと両性の（陽イオンと陰イオン両方をもつ）ものが有用である．前者は有機物の存在によって効力が低下するが，後者はその程度が小さい．陰イオン性と非イオン性のものは，殺滅作用はみられない．陽イオン性の代表的なものに，塩化ベンザルコニウムがある．

ビグアナイド系としてはクロルヘキシジングルコン酸塩が特に医療用消毒剤として用いられ，カビにも有効である．有機物の存在下では効力が低下する．

7.3.2 抗カビ剤

抗カビ剤の広義の用語では殺カビ剤も含めることになるが，ここでは防カビ剤あるいは静カビ剤として殺カビ作用はもたず発育阻害作用を示す狭義の視点で述べる．なお，後述の保存料も抗カビ・防カビ剤の機能をもつため，広義にはこれらも含まれる．

木材では，カビによる木材汚染とともに，特に担子菌類による木材腐朽・分解が問題となる．

紙・パルプでは製紙工程で汚染微生物によって生じるスライムと呼ばれる粘質性物質の生成を防止する必要があり，この目的に用いられる薬剤をスライムコントロール剤という．メチルビスチオシアネートやイソチアトリン骨格をもつものなどの有機窒素イオウ系，メチレンビス臭素酢酸やベンジル臭素酢酸などの有機臭素系，2-ピリジンチオールナトリウムオキシドなどの有機窒素系，また有機イオウ系の薬剤が使用される．

塗料・接着剤の抗カビでは，製品に至るまでの汚染・腐敗防止と使用時乾燥後の劣化防止の目的があり，分散剤や増粘剤，バインダーなどや接着剤自体がカビ発生の対象となるので，その防止に利用される．

皮革では，その製造工程でのカビ汚染防止と製品の汚染防止の目的で用いられる．製造工程の利用では，パラクロルメタクレゾール，ベンズイミダゾール系などの化合物がある．

繊維ではその製造時のスライム防止や糊剤のカビ発生抑制の目的で使用されるほか，抗菌防臭も目的として多くの製品に利用されるようになった．この目的での利用は，界面活性剤の第4アンモニウム塩の塩化3-(トリメトキシシリル)プロピルジメチルオクタデシルアンモニウムや芳香族化合物系のものから，銀ゼオライト系の薬剤や酸化チタンによる光触媒が主流となっている．

プラスチックでは，特にそれに添加されている可塑剤や安定剤がカビなどの微

生物の栄養源となり，産業部品として利用される半導体やコンピューター，電子機器などの分野に汚染が拡大することになる．この防止用には，フェニルフェノール系，イミダゾール系の薬剤がある．

金属加工油・切削油などの工業油では，水溶性エマルションが微生物汚染を受け，分解や異臭・スライムの発生などが起こる．トリアジン系，チアゾリン系，ピリジン系，フェノール系，ニトロ系などの薬剤が利用される．

抗カビ剤の範疇には入らないが，脱酸素剤は直接カビに作用させるものではなく，カビが好気性で酸素呼吸を行うことから，酸素を除去することによってその発育を抑制する方法である．

7.3.3 抗真菌剤

抗真菌剤という用語は，多くは真菌症対策が問題となる医学・薬学領域で用いられる．真菌症の治療では，アスペルギルス症，カンジダ症，白癬などの治療のため抗真菌剤が用いられる．抗真菌剤の詳細は6.2.2項のe.を参照されたい．

7.3.4 保存料

おもに食品の保存の目的で利用され，食品の微生物による腐敗を防止する機能をもつ物質を保存料と呼ぶ（表7.7）．ソルビン酸や安息香酸は加熱処理時に併用すると微生物の熱死滅を促進する作用ももつ．

ソルビン酸は炭素数6の不飽和脂肪酸であり水溶性が低いので，水溶性の高いソルビン酸カリウムがよく利用される．わが国では，魚肉練り製品や食肉製品，

表7.7 保存料のカビ発育阻害濃度（文献[16]を改変）

保存料	カビ*発育阻害濃度（%）	用　途
ソルビン酸	0.02〜0.05	食品・化粧品など
安息香酸・安息香酸ナトリウム	0.05〜0.1	食品・化粧品・塗料・接着剤など
プロピオン酸	0.2	食品（パン・洋菓子など）
パラオキシ安息香酸エステル		
メチルエステル	0.016〜0.1	化粧品・防腐剤・医薬品
エチルエステル	0.008〜0.05	化粧品・防腐剤・医薬品
プロピルエステル	0.004〜0.02	化粧品・防腐剤・医薬品
ブチルエステル	0.002〜0.015	化粧品・防腐剤・医薬品
デヒドロ酢酸ナトリウム	0.03	食品（チーズ・バターなど）

＊：試験対象カビは，トリコフィトン属，ペニシリウム属，アスペルギルス属の各種，およびカンジダ・アルビカンス．

煮豆類，つくだ煮，味噌などに 0.05～0.2％の濃度で使用されている．

　安息香酸と安息香酸ナトリウムは古くから防腐作用が見いだされていたもので，カビに対する作用はソルビン酸と同程度である．

　プロピオン酸は発酵食品の中にも含まれ，やや特異な臭いをもつ炭素数3の脂肪酸である．常温では液体であるので，プロピオン酸ナトリウム，プロピオン酸カルシウムとして粉末の状態で取り扱われる．パンや洋菓子，チーズの防腐目的で利用される．

　パラオキシ安息香酸エステル（パラベン）は，パラオキシ安息香酸のアルキルエステルである．アルキル鎖としては，メチル，エチル，プロピル，ブチル基をもち，長鎖のものになると抗菌性が増す．エステルのため，抗カビ・抗菌作用は酸のような pH の影響を受けにくい．

　デヒドロ酢酸ナトリウムは，中性から弱酸性でも抗カビ作用が比較的強い．バターやマーガリン，チーズに利用されている．

　天然保存料には，しらこタンパク質（プロタミン），ペクチン分解物，ε-ポリリジン，ヒノキチオール，エゴノキ抽出物など各種植物の抽出物などが利用される．

7.3.5　光触媒

　光触媒とは，光を吸収してエネルギーの高い状態になり，そのエネルギーを反応物質に与えて化学反応を起こさせる物質である．半導体や金属錯体などが光触媒活性をもつが，現在最も利用されているものは酸化チタン（TiO_2）である．これは一般に 380nm 以下の波長の紫外線で励起され，この紫外線は太陽光の 3～4％，蛍光灯でも微弱ながら出ているので，その強度に応じた光触媒効果が現れる．また，光酸化力が強く，通常の触媒と異なり常温でも反応を起こし，その

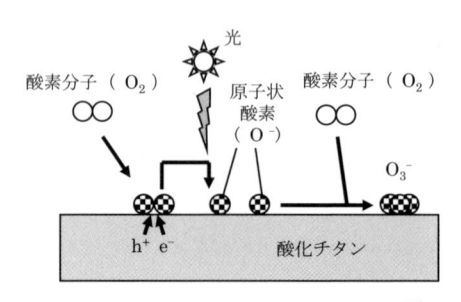

図7.5　酸化チタン表面での活性酸素の発生[17]

表面に活性酸素を生ずる．この反応過程を図7.5に示す．酸化チタン表面では酸素が物理吸着し，酸化チタンから電子をもらってスーパーオキシドアニオンラジカル（$O_2^-\cdot$）となる．この活性酸素は，酸化チタンにおいて光によって価電子帯から電子が抜けて生じた正孔（h^+）と反応し，原子状酸素（O）に解離する．さらに原子状酸素は価電子帯から伝導体に励起された電子と反応してO^-となる一方，スーパーオキシドアニオンラジカルとも反応してO_3^-となる．生成されたこれらの活性酸素は酸化チタン表面に吸着されたままである．これらの分子種の中では原子状酸素イオンが最も反応性が高く，これが有機物の分解や殺菌作用をもつ基本的な要因と考えられる．

光触媒としての酸化チタンは殺滅作用にすぐれるだけでなく付着した汚れの分解作用もあり，表面の抗菌加工に広く利用されている．カビは特に固体表面に凝縮した水分の存在下にわずかな栄養分でも発生するため，有効な制御方法といえる．ただ，その殺滅作用の発現には光が必要であり，暗所では効果がない欠点がある．実用においてはこれを補うため，抗菌性をもつ銀や銅を混ぜてコーティングする技術も開発されている．　　　　　　　　　　　　　　　　（土戸哲明・坂元　仁）

参　考　文　献

1) 芝崎　勲：改訂新版 新食品殺菌工学，光琳（1998）
2) 高鳥浩介監修：かび検査マニュアル カラー図譜，テクノシステム（2002）
3) 佐藤正之：高電圧パルス殺菌技術．食品の非加熱殺菌応用ハンドブック（一色賢司・松田敏生編），p.17-24，サイエンスフォーラム（2001）
4) 内堀　毅監修：抗菌・抗カビ技術（普及版），シーエムシー出版（2006）
5) 辻　明良：感染制御のための消毒の基礎知識，ヴァンメディカル（2009）
6) 土戸哲明ほか：微生物制御―科学と工学，講談社サイエンティフィク（2002）
7) 増澤俊幸：滅菌と消毒．微生物学―病原微生物の基礎（改訂第6版）（今井康之・増澤俊幸編），p.146-157，南江堂（2011）
8) Walker, E. M. Jr., Gale, G. R.：Fungistatic and fungicidal compounds for human pathogens. *In* Sterilization, Inhibition and Disinfection, 4th ed. (Block, S. S. ed.), p.385-410 (1991)
9) 日本医療機器学会監修・小林寛伊編：医療現場の滅菌（改訂第3版），へるす出版（2008）
10) 渡部一仁・土戸哲明・坂上吉一編：微生物胞子―制御と対策，サイエンスフォーラム（2011）．
11) Maillard, J. -Y.：Antifungal activity of disinfectants. *In* Russell, Hugo and Ayliffe's Principles and Practice of Disinfection, Preservation and Sterilization, 4th ed. (Fraise, A. P., Lambert, P. A., Maillard, J. -Y. ed.), p.205-219 (2004)
12) 藤嶋　昭：光触媒による殺菌・脱臭，さらなる可能性．有害微生物管理技術 第2巻（芝

崎　勲監修)，p.770-777，フジ・テクノシステム（2000）
13) トリビオックス・ラボラトリーズ：サーモキル・データベース バージョン R8105（2011）[http：//www.h7.dion.ne.jp/~tbx-tkdb/]
14) 伊藤　均：なぜ食品照射か——その歴史と有用性 2．食品微生物等に対する放射線の影響と安全性．放射線と産業，111：36-42（2006）
15) 財団法人放射線利用振興協会：各種糸状菌（真菌）類の放射線殺菌効果（日本での研究）．放射線利用技術データベース［http：//www.rada.or.jp/database/home4/normal/ht-docs/member/detail/020246.html ］
16) 松田敏生：食品微生物制御の化学，幸書房（1998）
17) 佐藤しんり：光触媒とはなにか（講談社ブルーバックス），講談社（2004）

Column 11　カビにアルコールは効く？　効かない？

　カビ相談センターにつとめる筆者にこの質問があったのは 2011（平成 23）年であるから，古い話ではない．ある医薬品・化粧品系の講演会で消毒薬とカビについて話したところ，「アルコールはカビに効かないのになぜ効くというのですか」と質問されたのである．さて質問された方が何か勘違いされているのかと思いきや，その人に限らずかなりの人がそう信じていた．これはどうしたことかと疑ったが，あとで詳しく話を聞いてやっと理解ができた．

　微生物と消毒に関する成書をみると，中にははっきり「アルコール消毒はカビに効果なし」とはっきり書いてある．しかもそれが大学や専門学校で教科書として採用されている．どうしてなのか，内容をよく見ると，つまりその著者は細菌学者であり，細菌の芽胞 spore とカビの胞子 spore を同一とみなしているのであった．確かに，アルコールは細菌芽胞にはほとんど効果がない．だからカビ胞子も同じと解釈した説明になっているのである．なるほどそうか．しかし細菌とカビの spore は英名が同じだけで本質的にまったくの別物である．前者は耐久形態であり，細胞外からの妨害に抵抗する構造であるから当然消毒薬などに対してもかなり強い．一方，カビの胞子は単なる生殖細胞であって耐久細胞ではないので，そのような防御力は基本的に持ち合わせていない．実際，70％エタノールや 50％プロパノールは短時間でカビを死滅させる効果がある．アルコールの効果を信じて，ぜひ活用していただきたい．

7.4 具体的なカビ対策

　ここまで，カビ防御における物理的・化学的な基本事項を説明してきた．本節以下では，家庭でできることも含めた具体的な防御法をまとめる．カビを防ぐ第一は湿度管理であり，湿度をいかにコントロールするかで防カビ効果が決まる．つまり，湿度を70％以下にするとカビの発生は低下することから，できるだけ低湿とすることが望ましい．しかし住環境の中には機能や構造のうえでそれが困難な場所（たとえば洗面所，台所，トイレなど）もあり，これらの場所では湿度が90％以上に長期間ならないような工夫が必要となる．また建材，紙（書物），繊維のような吸湿素材はカビ発生にとって非常に都合のよいものであり，これらを乾かすことの工夫が重要となる．また，乾燥することと同時に，清潔な環境づくりも大切となる．住環境でのダストには多量のカビがおり，そのカビを取り除くことが被害の防止に重要である．以下に具体的なカビ対策をまとめた．

　1）　通気・乾燥

　衣・食・住すべてに有効．カビを発生させないためには，まず第一に通気と乾燥を心がける必要がある．晴れた日などは日中なるべく通気し乾燥させる．また押し入れなどで，閉め切らないように通風できる工夫をする．

　2）　低温・高温

　食品保持に有効．カビの生えやすい温度は20～30℃であり，低温にすればするほど生えにくくなる．しかし，カビは低温では決して死滅せず，冷蔵庫では生えるのに要する時間が長くなるだけであることに留意する必要がある．冷凍することにより発生を完全に抑えることができるが，これもカビが死滅しているわけではない．

　一方，高温下では30℃より高温になるにつれ，カビの活性は著しく低下する．たとえば，アオカビやクロカビなどは55～60℃の湿熱に対し10分以内でほとんど死滅する．

　3）　日光・紫外線

　衣・食・住すべてに有効．太陽から発散される紫外線は，微生物にとって大敵である．多くのカビは紫外線照射量が100mW・秒/cm^{2}で死滅する．晴れた日に洗濯物を干すことで，紫外線と乾燥により微生物を死滅させることができる．

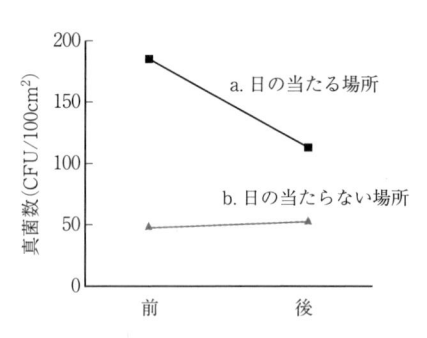

図7.6 天日干しによるカビ死滅効果
10月の晴れた日に6時間布団を干したとき,日光のあたる場所とあたらない場所でどれくらいカビが死滅するか調べた結果.

4) 清掃・清拭・洗濯

衣・食・住すべてに有効.カビ発生の要因は汚れ(あか,食べかす,ほこりなど)であり,これらを清掃・清拭・洗濯により除去することが有効である.

5) 消毒剤

衣・食・住すべてに有効.消毒剤としてのアルコールは効果が大きい.ただしアルコールは気化しやすいので,効果は長続きしない.建物のカビによる汚れでは,塩素系の次亜塩素酸ソーダなどもかなり効果がある.

表7.8 70%エタノールの殺カビ効果 (+:生残,-:死滅)

	処理秒数	15	30	90	120	180	300
絶対好湿性	トリコデルマ	−	−	−	−	−	−
	リゾプス	−	−	−	−	−	−
	アクレモニウム	−	−	−	−	−	−
好湿性	クラドスポリウム	−	−	−	−	−	−
	フザリウム	−	−	−	−	−	−
	ケトミウム	+	+	+	−	−	−
耐乾性	アスペルギルス・ニガー	−	−	−	−	−	−
	ペシロミセス	−	−	−	−	−	−
	アスペルギルス・オクラセウス	−	−	−	−	−	−
	アスペルギルス・バージカラー	+	−	−	−	−	−
好糖性	アスペルギルス・レストリクタス	−	−	−	−	−	−
	ユーロチウム	+	+	+	+	−	−
	ワレミア	+	−	−	−	−	−

6) 防カビ剤

住環境に有効．おもに建物に生えるカビ制御を目的としているものが多い．防黴剤は有効ではあるが，処理した場所にカビがいつまでも発生しないという保証はない．カビを発生させないためには，カビの発生しやすい場所には予防として定期的に処理するよう心掛けることが重要である．

7) 脱酸素剤

食・衣に有効．カビが発生するためには酸素が必要である．酸素は空気中に21％存在するが，その酸素量が減少するとカビの活性は顕著に低下する．酸素濃度が0.1％前後になるとほとんどのカビは生えることができない．

8) 空気清浄機

住環境に有効．空気清浄機による空中環境中のカビ除去効果は大きい．ただし，清浄機の運転で空中カビをすべて捕集することはできない．よく誤解されることであり，また製品コマーシャルでもあたかもすべての空中微生物を取り除くかのような説明をしばしば見聞するが，それは間違いである．筆者らは市販の清浄機の性能試験を行ったことがあり，30分〜1時間程度の運転で空気中の菌数は10分の1から100分の1程度に減少するが，限りなく無菌になることはない．

このように限界はあるものの，空気清浄機のカビ除去効果は確かであるので，上手く活用すれば住環境の改善に非常に有効である．

9) 掃除機

住宅内のダストは，掃除機でかなり除去することができる．ダストには1g中に10^4〜10^6ものカビが生息しているので，ダストを除去することはカビを除去することにもなる．また，ダスト中のダニアレルゲンの除去にもつながることから，住環境の改善に有効な方法の1つである．

掃除機をかけることでカビを除去できるのであるが，問題は掃除機の排気である．排気された空気が室内に攪拌されることにより，さらに微粒子を飛散することになる．

（高鳥浩介・太田利子）

7.5 カビが発生した場合の対応

梅雨の季節がカビの発生しやすいシーズンであることは誰もが知っているが，実際にはカビ被害を見て初めてそれに気がつくことが多い．発生してしまったカビへの対策はどうするのであろうか．

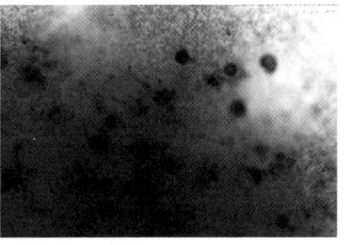

図7.7 樹脂内部に汚染したカビ
左：樹脂の粘着部に発生したカビ．
右：樹脂内部に侵入したカビは異常な形態（球状構造）をとり，薬剤や乾燥などに抵抗する．

　それにはカビの発生する過程を理解する必要がある．空中に飛散していた胞子がものの上に落ちる．発生しやすい条件がつくられると発芽が起こる．発芽には長い時間を要し，その後初期菌糸像を呈しながら伸長を始める．やがて菌糸はあちこちに広がり，その後手がつけられない程度に発生する．着色し，臭気も放つようになる．こうしてやっと気がつく．

　こうした過程を経て，カビはかなり強力な菌体構造を形成するようになる．そのため，カビ処理が1回程度ではだめである．つまり発生したカビに対する処理は根気よく継続的に実践する必要がある．その処理も色が落ちた程度では不十分で，まだ生き残った菌糸が残っているのでさらに処理を継続する．

　このように，発生した場合のカビ対策は結構厄介であることを肝に銘じておかなければならない．

7.6　治療より予防の考え方

　そもそもカビはどうして生えるのか，それを理解すれば，「治療より予防」の大切さがわかってくる．まずカビ発生の4条件を簡単にまとめる．
　①カビが生えるためには高い湿度が必要．湿度90%を境に急激に発生．
　②快適な温度．最も生えやすい温度は20℃台．カビも人も同じ温度が過ごしやすい．
　③酸素を要求し，ものの表面で発生．
　④養分が必要．
　雨の多い梅雨時は，まさにカビが生える4つの条件をすべて満たしている．前

節でも記したように，カビは発生して初めて気がつくことが多い．カビの発生が目で見える状態にあるときはいわばかなり症状が進んでいる状態であるから，それを除去しようとすることは難儀である．その前に梅雨や結露の起こりやすそうな場所を乾燥させる，清掃する，防カビ剤やカビ取り剤を処理する，といった対策を講じることで，そのシーズンのカビ発生を防ぐことが賢明である．

つまりこれが「治療より予防」の考え方である．これを実践することは"言うは易く行うは難し"ではあるが，こうした予防策を実行するかしないかで被害の度合いや後の労力に大きな差が出てくるので，ぜひ実践してほしい．

"転ばぬ先のカビ退治"として，室内でカビの生えそうな場所やものをチェックしてみる．そして，カビ退治をするにはどうしたらよいか考えてみる．

チェック1： 浴室の換気が悪いと目地やすのこが黒ずんでくる．十分な換気とカビ取り剤を．

チェック2： 洗濯物の室内干しは湿度が上がり，室内がカビ臭くなるばかりでなく，衣類まで臭いがしみこみ，かえってカビの発生を助長する．十分な換気と乾燥を．

チェック3： 台所，浴室，洗面所の排水溝が黒ずんでくる．カビだけでなくいろいろな微生物が一挙に増え出す．殺菌剤で処理を．

チェック4： 一晩放っておいたご飯や食パンなど食品にカビが生えやすい．低温保存を．

チェック5： 押入れのベニヤや床下収納庫が白くなる．通気を良くし乾燥を．

チェック6： 洋服は，えり周りのほこりやフケをエサにカビが発生する．汚れ落としと脂取りを．さらに乾燥を．

チェック7： げた箱の靴や靴箱にカビが発生する．通気を良くし，汚れた箱は処分し，靴は汚れを落として乾燥を．

チェック8： 壁紙が変色し始める．乾いた布で水分を取り除き，換気と乾燥を．

〔高鳥浩介〕

Column 12　発生したカビの退治はたいへん

　人は勝手なもので，発生するまでほとんどカビには関心がなく，見向きもしない．ところがいったん目で見えるようになると目の色が変わり，カビ取り剤や除湿剤を使って大騒ぎ，保健所や相談センターに相談にも来る．そうです，カビって基本的に目で見えない生き物であり，ゴキブリやネズミなどと違って肉眼で確認できないので，目で見えたときがカビの"芽生え"であると勘違いしている．気落ちさせてしまうかもしれないが，カビは目で見えるときはすでに全盛期，まさにカビ王国である．この状態はカビにとって天下を取ったようなもので，ここから簡単に（たとえば，一度や二度のカビ取り剤散布程度で）壊滅させることは限りなく困難であることをしっかりと覚悟してほしい．

　多少専門的になるが，カビは肉眼で見えるようになるはるか前，もの（基質）の中にぐいぐいと入るのにかなりの時間を要している．そして入り込んだものの中で，たとえば細胞壁が肥厚したり，厚膜胞子化して石ころのように固まったりするなど，ただごとでない形態をとる．こうして築かれた牙城は，カビがその生存をかけて多くの資源と時間とエネルギーを費やして築かれたものであるから，そうそう簡単に崩れることはない．

　では，カビが発生した場合の対策はどうしたらよいか．これは気長にしっかりとした対応で臨んでいく気概が必要になる．カビ取り剤もよし，乾燥もよし，換気もよし，ふき取りもよし…．

　さらに大事なことは，上述のとおりカビの根の部分はものに食い込んでいることから，その根を断ち切るためにカビが見えなくなっても処置をしばらく続けることである．退治をした（つもり）にもかかわらずまたカビが！というケースが多いのは，しっかり根を断ち切っておらず，地下の"要塞"が残っているからである．

第8章 有用なカビ

カビは古くから人類が発酵食品の製造に利用してきた微生物である．今日では発酵食品のみならず，医薬品や化学品原料，健康食品（サプリメント）の生産に利用され，農業分野でも利用が期待されている．食品の汚染，健康被害（アレルギー原因物質），植物の病原菌など，人類や環境にとってカビは有害というイメージが強いが，ここでは，人類にとっての有用性に焦点を当て解説する．

8.1 カビを利用したβグルカンの利用

8.1.1 発酵βグルカンの特性と生体機能

発酵βグルカンは，アウレオバシジウム・プルランス（黒色酵母様菌，*Aureobasidium pullulans*）が菌体外に生産する多糖体である．キノコに含まれるβグルカンと類似の構造をもち，β-1,3-1,6-D-グルカンであることが，NMR解析とメチル化分析にて確認されている（図8.1）．シイタケ，スエヒロタケ，カワラタケから抽出されたβグルカンは，医薬品（抗腫瘍剤）として認可されている（製品名はレンチナン，シゾフィラン，クレスチン）．

βグルカンは，抗腫瘍剤（医薬品）として利用されているように，生体に備わ

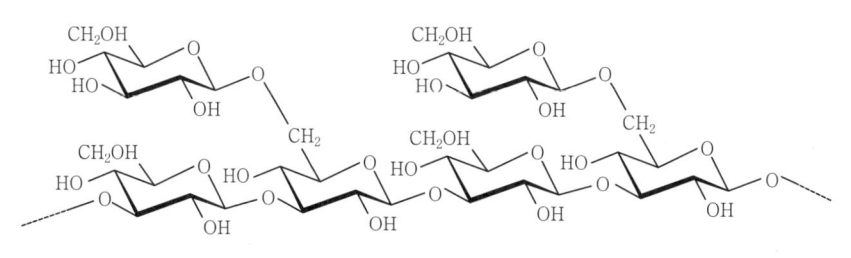

図8.1 発酵βグルカンの構造

っている免疫細胞を刺激・活性化して，体内に発生する腫瘍（がん細胞）や外界から進入する病原菌を免疫細胞が殺傷して排除する作用を補助・促進する機能を有している．実際に発酵βグルカンは，免疫細胞の1種であるマクロファージを刺激，活性化して，サイトカイン（免疫細胞を活性化する生理活性タンパク質）の産生を促進する．

8.1.2 発酵βグルカンの化粧品素材・医療材料としての利用

発酵βグルカンはもともと菌体外多糖として微生物が自身の細胞を保護するため生産するものであり，細胞保護あるいは保水性にすぐれている．また，免疫賦活効果を有し，皮膚再生や紫外線によるダメージからの皮膚修復を助ける機能をもつ可能性も示唆されている．現在，発酵βグルカンを含む培養液およびパウダー品が，スキンケア用化粧品に使用されている．

また，発酵βグルカンは成膜性にすぐれており，βグルカン水溶液を薄く塗布して水分を蒸発させると，透明なシート材が調製できる．そこで，創傷被覆材として医療への利用が期待され，研究開発が進められている．

8.2 発酵食品，健康食品（サプリメント）分野でのカビの利用

8.2.1 発酵食品

わが国では，日本酒や焼酎，味噌や醤油，みりんなど醸造食品の製造において，麹(こうじ)が利用されてきた．麹とは，蒸した米にアスペルギルス（コウジカビ，*Aspergillus*）を生やしたもので，発酵食品を製造する際に添加されるものを種麹(たねこうじ)と呼ぶ．日本の発酵食品の多くがコウジカビを利用して製造されている．発酵食品の種類と使用されるカビをまとめて表8.1に示した．かつお節では，最初にペニシリウム，次いで，ユーロチウム（カワキコウジカビ，*Eurotium*）が発育する．この過程でカビは，かつお節の中へ菌糸をのばし，内部にある水分を吸い出すと同時に，カビの菌糸が脂肪分解酵素を分泌して中性脂肪を分解し，独特な味と芳醇な香りを醸成させる．欧州ではチーズ製造にペニシリウム（アオカビ，*Penicillium*）が用いられ，「ロックフォール」や「ゴルゴンゾーラ」などのブルーチーズや，「ブリー」や「カマンベール」などの白カビチーズ（「白カビ」と一般に呼ばれるが，これもペニシリウムの一種である）が製造されている．

8.2 発酵食品，健康食品（サプリメント）分野でのカビの利用

表8.1 発酵食品に利用されているカビ

発酵食品の名称	原材料	発酵に使用されているカビ
日本酒（清酒）	コメ	Aspergillus oryzae
焼 酎	コメ，オオムギ，サツマイモ，ソバ，黒糖など	A. kawachii
泡 盛	コメ	A. awamori
みりん	コメ	A. oryzae
味噌・醤油	ダイズ，コムギ，コメ，オオムギ	A. sojae, A. tamarii
黒 酢	コメ（玄米）	A. oryzae
かつお節	カツオ	A. glaucus
乳腐，豆腐よう	ダイズ，豆腐	Mucor hiemalis, A. oryzae, Rhizopus chinensis, Monascus anka
豆醤（トウジャン）	ダイズ，コムギ，ソラマメ	A. sojae, A. oryzae, A. niger, R. japonicus
寺納豆	ダイズ	A. oryzae, A. sojae, A. niger, R. chinensis
豆鼓（トウチ）	ダイズ	Mucor racemosus, R. chinensis, A. oryzae
テンペ	ダイズ	R. oryzae, R. oligosporus, R. stolonifer, R. arrhizus
サラミ	肉	Penicillium spp.
チーズ	カード（凝乳）	Penicillium spp.

8.2.2 健康食品（サプリメント）素材への利用

消費者の6割が何らかのかたちで健康食品（サプリメント）を摂取しているという調査結果が示すように，今日，サプリメントは私たちの生活にとても身近な存在となっている．

カビを用いて工業的に生産されるサプリメント素材としては，βグルカン，高度不飽和脂肪酸，有機酸（酢酸，クエン酸），紅麹菌があげられる．

発酵βグルカンは前節で述べたように化粧品などに利用されているが，培養液は健康ドリンクなど，パウダー品は錠剤やカプセルなどの健康食品にも利用されている．

高度不飽和脂肪酸は，人間が体内で合成することができず食品から摂取する必要のある脂肪酸であり，特にエイコサペンタエン酸（EPA），ドコサヘキサエン酸（DHA），アラキドン酸（ARA），ジホモ-γ-リノレン酸（GLA）などは生理的に重要である．これらの高度不飽和脂肪酸は，モルティエレラ（Mortierella）やムーコル（Mucor）のカビを利用して工業的に生産されている．GLAは，摂取や塗布によるアトピー性皮膚炎の改善効果が報告され，サプリメントや化粧品に利用されている．ARAは脱毛や皮膚疾患の緩和，DHAやEPAの摂取では，

抗うつ作用や高齢者の脳機能改善効果が期待されており，サプリメントや育児粉乳へ添加されている．

有機酸は，疲労回復や血圧調節に効果があるとされ，黒酢濃縮物やクエン酸がサプリメントに利用されている．黒酢は玄米をアスペルギルス・オリゼ（麹菌，*A. oryzae*），酵母，酢酸菌で発酵させることで得られる．クエン酸は，糖類を原料にアスペルギルス・ニガー（クロコウジカビ，*A.niger*）による発酵生産が工業化されている．

モナスカス（*Monascus*）は赤色色素を産生することからベニコウジカビ（紅麹菌）と呼ばれるが，コレステロール低下作用を有するロバスタチン（モナコリンK）を生産する．コメに紅麹菌を植菌，培養し，菌体を回収し加熱殺菌したもの，抽出したもの，培養液などが，サプリメント材料として利用されている．

8.3 医薬品への利用

8.3.1 抗生物質の生産

ペニシリンは，1928年フレミング（A. Fleming）により細菌の生育を阻害する物質としてペニシリウムの一種（*Penisillium notatum*）の分泌物より見いだされ，その後，感染症（梅毒，淋病，破傷風など）の特効薬として臨床応用された抗生物質である．ペニシリンは細菌の細胞壁ペプチドグリカンを合成する酵素と結合し，ペプチドグリカンの合成を阻害することで細菌を死滅させる．現在では，ペニシリンをもとに誘導体が多数開発されており（アンピシリン，アモキシシリン，塩酸タランピシリン，シクラシリンなど），生産性にすぐれたペニシリウム（*P. chrysogenum*）が製造に使用されている．ペニシリンに次いで，セファロスポリウム（*Cephalosporium*）の培養液からセファロスポリンCが単離された．現在はアクレモニウム（*Acremonium chrysogenum*）が工業生産に利用され，セファロスポリンCは，セフェム系抗生物質の原料として用いられている．わが国における医薬品の総生産額は，約7兆円（2011年）であり，そのうち抗生物質は約2700億円に達する．その80％はセフェム系抗生物質（ペニシリン系を含む）が占め，続いて細菌（放線菌）が生産するマクロライド系抗生物質（12％を占める）となっている．生産額からみても，カビにより生産される抗生物質およびその誘導体は重要である．

8.3.2 メバロチン（コレステロール低下薬）

1973年，日本の遠藤 章らはペニシリウムの一種（*Penicillium citrinum*）から HMG-CoA 還元酵素阻害作用を有するメバスタチン（コンパクチン）を発見し，この発酵産物がコレステロール低下薬として有用なことを世界で初めて示した．その後，アスペルギルスの一種アスペルギルス・テレウス（*Aspergillus terreus*）からロバスタチンが分離された．ロバスタチンは，米国で第1号のコレステロール低下薬として医薬品承認された薬剤である．わが国においては，メバスタチンの誘導体であるメバロチン（プラバスタチンナトリウム）が1989年に製品化されている．メバロチンは血液中のコレステロール値を下げることで，冠状動脈硬化による虚血性心疾患の治療や死亡率の低下に大きな貢献をしている．このスタチン系薬剤は現在，世界中で約3000万人の患者に毎日投与され，年間売上げは世界で約2兆8000億円にもなるという大型医薬品である．

8.3.3 免疫抑制薬

トリポクラジウム（*Tolypocladium inflatum*）が生産するシクロスポリンAは，環状ポリペプチド抗生物質の1つとして見いだされたが，T細胞からのサイトカイン産生を抑制し，臓器移植による拒絶反応の抑制や自己免疫疾患の治療にも使用されている．2008年にはアトピー性皮膚炎の治療薬としても承認された．イミダゾール系ヌクレオシドであるミゾリビン（ブレディニン）は，免疫抑制薬，抗関節リウマチ薬として，ユーペニシリウム（*Eupenicillium brefeldianum*）を用いた発酵生産により得られる．

8.4 化学工業（ファインケミカルズ）分野での利用

化学工業の分野では，有機酸，ビタミン，産業用酵素などの生産にカビが利用されている．アスペルギルス・ニガーは，クエン酸，グルコン酸などの有機酸を産生する．クエン酸は清涼飲料水や食品（キャンディー，ジャム）の酸味料として大量に消費されているのをはじめ，医薬品の原料，可塑剤，キレート剤などの幅広い用途をもつ．グルコン酸は，金属塩の沈殿の除去や，金属を洗浄する際に使われるほか，食品添加物（pH調整剤）として用いられる．リゾプス（*Rhizopus nigricans*）は効率よくフマル酸を生産し，食品添加物（酸味料）やサプリメントのほか，コハク酸，リンゴ酸，マレイン酸，アスパラギン酸などの製

造原料になっている．ポリエステル樹脂や糖アルコールの製造，染料の媒染剤，香料としても用いられる．この他，アスペルギルス・テレウスは，イタコン酸の生産に利用され，ビニルモノマーとの共重合体は紙のコーティング剤，水性塗料，高分子の改質剤となる．コウジ酸は，アスペルギルス・オリゼ，アスペルギルス・タマリ（*A. tamarii*）などの発酵生産で得られ，殺菌剤や殺カビ剤の原料となるほか，美白作用（コウジ酸はチロシナーゼ阻害作用を有し，メラニン産生を抑制する）などが認められ，化粧品素材としての用途がある．

リボフラビン（ビタミン B_2）の発酵生産にはエレモテシウム（*Eremothecium ashbyii*）とアシュビア（*Ashbya gossypii*）が長く利用されてきた．現在は医薬品用途に合成品が使用されているが，飼料添加用，食品添加物といった用途には発酵法によって生産されたものも利用されている．

1895年，高峰譲吉はアスペルギルス・オリゼを培養し菌体内酵素を抽出して，タカジアスターゼと名付けた消化酵素剤を米国で商品化した．これが微生物に由来する酵素製品の産業化の始まりとされ，その後，アスペルギルスの培養物から多くの酵素製剤（αアミラーゼ，プロテアーゼ，ホスホリパーゼなど）が工業化される契機となった．現在ではこれらの酵素製剤は，食品加工の分野，医薬品の分野で重要な役割を果たしている．アスペルギルス・ニガーの培養液から抽出精製されるペクチナーゼは，果汁の清澄・ろ過促進，ワインの清澄などの目的で使用されている．トリコデルマ・リーセイ（*Trichoderma reesei*）やトリコデルマ・ビリデ（*T. viride*）は，セルラーゼ高生産菌として知られ，ジーンズのバイオウォッシュ加工，綿，レーヨン，テンセルの毛羽取り，減量・風合い加工に利用されている．

8.5　農業分野での利用

農業分野では，植物調整剤，土壌改良剤，微生物農薬，農業資材の生分解促進剤などとしてカビやカビの生産物が利用されている．ジベレリンは，ブドウ（デラウエア）の無種子化，ナシの熟期促進，イチゴの開花促進など果実の生産性向上を目的に使用される植物ホルモンであり，イネに寄生するカビであるジベレラ（*Gibberella fujikuroi*）を用いて発酵生産されている．同じく植物ホルモンであるアブシジン酸は，サーコスポラ・ロジコーラ（*Cercospora rosicola*）やボトリチス・シネレア（灰色カビ病菌，*Botrytis cinerea*）による発酵生産が検討されて

いる.

　農耕地では，連作により土壌環境が悪化して作物の収量や品質が低下する連作障害の問題が起きる．トリコデルマ属による微生物製剤は，土壌の環境を改善し，作物の健全な生育を維持し，その結果，収量・品質が向上すると期待され利用されている.

　微生物製剤（生菌）は，生物の力で病原菌や昆虫が植物に繁殖することを抑制するものであり，化学合成した農薬よりも安全性が高く，環境負荷が少ない環境保全型農業に適するとされる．トリコデルマ・アトロビリデ（*T. atroviride* SKT-1株）の胞子を含む生菌剤は，水稲のばか苗病，もみ枯細菌病の種子消毒剤として利用されている．このカビはイネ種子表面で大量に発育し，病原菌（ばか苗病菌やもみ枯細菌病菌など）と競合することにより病原菌の生育，増殖を抑制し，発病を制御する．タラロマイセス・フラブス（*Talaromyces flavus*）は，イチゴ苗に散布すると新葉などに広がり，病原菌が生息できなくなり，病原菌を直接駆除する．ボーベリア・バシアーナ（*Beauveria bassiana*）はコナジラミ類に対して強い病原力をもっている．哺乳類には感染しないきわめて安全性の高いカビであり，化学農薬と同等の性能を発揮している．ボーベリア・ブロンニアティ（*Beauveria brongniartii*）の生菌は，害虫であるゴマダラカミキリ，キボシカミキリ，センノカミキリの成虫に対して特異的に殺虫効果を発揮する.

　近年，生分解性プラスチックが農業資材に利用されるようになった．マルチフィルム，クリップ，ポット，ひも，ネット，除草シートなどがあるが，加工後の形状，環境条件などにより期待通りに分解が進まない課題がある．生分解プラスチックの廃材を効率よく分解するため，強力な分解菌を自然界のカビから選抜する開発研究が進んでいる.

8.6　新しい研究例

8.6.1　木材系バイオマスからのバイオエタノール生産

　セルロースおよびヘミセルロースは，植物細胞壁の構成成分として，地球上で最も大量に存在するバイオマスである．セルロース系バイオマスからのバイオエタノール生産は，化石資源に替わるエネルギー源として世界各国で注目され，研究・開発が進められている．トリコデルマの酵素を大量生産してセルロース系バイオマスを糖まで分解し，次いで酵母によるエタノール発酵を行うシステムの確

立が次世代エネルギー産業として期待される．

8.6.2 麹菌ゲノム（遺伝子）の利用研究

アスペルギルス・オリゼは，発酵産業で最も広く利用されているカビであり，各種の酵素を含むタンパク質の大量生産に適している．アスペルギルス・オリゼの全ゲノム解析がわが国の科学研究プロジェクトとして進められ，37メガベース（Mb）のゲノムに12074個の遺伝子が解析されたが，この中の約49%が未知遺伝子であった．未知遺伝子の中には，これまでにないすぐれた活性をもつなど産業上有用な酵素遺伝子が含まれている可能性がある．未知遺伝子の機能に関する研究が進むことによって，カビを利用した産業（醸造・発酵）における画期的な新技術が生み出されるものと期待されている． 　　　　　（椿　和文）

参 考 文 献

1) 大野尚仁監修：βグルカンの基礎と応用，シーエムシー出版（2010）
2) 株式会社 ADEKA：耐水性キトサンシート，それを用いた創傷被覆材及び耐水性キトサンシートの製造方法．公開特許公報，2010-269137（2010）
3) 左右田健次監修・バイオインダストリー協会発酵と代謝研究会：発酵ハンドブック，共立出版（2001）

第9章
カビとの共生

9.1 カビの多い環境

　カビの多い環境を意識するとすれば，食品，工業品，医薬品，また農業分野である．

　食品では，発酵とのかかわりから，味噌，醤油，日本酒，焼酎，さらにチーズ，かつお節もある．こうした食品の製造現場は利用するカビの生育に適するような環境に調整され，当然ながらカビでいっぱいとなる．味噌，醤油は日本酒と同じアスペルギルス・オリゼ（麹菌，*Aspergillus oryzae*）を大量に発生させた室（むろ）で発酵し，菌は白色菌糸体のまま生き続ける．一方，焼酎の製造には，同じコウジカビでもアスペルギルス・ニガー（クロコウジカビ，*Aspergillus niger*）が用いられる．こちらは，名称の通り真っ黒い色をしたコウジカビであり，部屋中が黒くなる．これらのコウジカビは，その環境にいても発酵臭がするのみでカビの存在をそれほど感じない．またブルーチーズやカマンベールチーズはペニシリ

図9.1 焼酎製造環境（写真：大井章子）
焼酎の命であるクロコウジカビを使って熟成させている室．大量の胞子が飛散しており，そのため室全体の空気が淀んでいる．

図 9.2 カビの多い生活環境（左：浴室前，右：和室）
カビは発生した場所から周辺に胞子を飛散させ，その結果次々と 2 次汚染につながる．

ウム（*Penicillium*）を利用した食品で，古典的には多湿で温度の安定した洞窟などで熟成される（ペニシリウムは俗称アオカビというが，カマンベールチーズなどに用いられるものは白い）．

かつお節は，風味を出すためにやはり室全体がカビでいっぱいである．このカビは通称かつお節カワキコウジカビともいい，ある特定種ユーロチウム（*Eurotium*）がその環境で大量にはびこっている．色としては黄色から橙色である．

こうした食品製造環境では，ある特定のカビ種が優勢である．

一方，味噌，醤油，パン，ワイン，酒などの製造現場の周辺でも，大量のカビで被われることがある．このカビは本来食品に使われる種ではないが，発酵臭につられてその環境周辺に発生する仲間である．そのカビはアウレオバシジウム・プルランス（黒色酵母様菌，*Aureobasidium pullulans*）といい，発酵臭を漂わせながら壁，床，天井などに黒く発生する．特に健康被害を起こすことはないが，一般には見た目の印象から嫌われることが多い．しかし，こうした食品製造業が盛んな地域周辺では日常的に発生をみており，地域住民もそれがごく当たり前であるかのように日々生活をしている．

医薬品製造環境や有機酸などの工業生産環境でも，カビを大量に用いる．医薬品や工業分野では，食品と違って製造環境にはカビが飛散しないような構造となっている．

一方，生活環境でカビの多いところとして，ほこりの多い場所，結露による湿った場所，空調機のフィルター汚れ，湿った部屋や場所などが考えられる．雑カビなどによるいわゆる「汚れた場所」である．また目に見えなくとも，カビ臭がする場合はやはりカビが多いといえる．

図 9.3　フローリングの清掃前後
左：掃除をする前．床にほこりが点在しているのが見える．右：掃除後の床には目視ではほこりが見えない．

　生活環境でカビの多い場所は，健康を考えると決して好ましいものではない．多量のカビが空中に飛散し，呼吸器系や皮膚あるいはさまざまな粘膜に触れることで被害を受ける可能性が否定できないからである．

　カビの多い環境といえども，意識的にカビを多くする環境（職業上の多量）と無意識のうちにカビが多くなる環境（生活環境での多量）とでは，カビの受け取り方が大きく異なる．

9.2　カビのいない環境

　自然界でカビのいない場所はほとんどない．土壌や植物がある限りカビは必ずいる．あえていなさそうな環境をあげるとすれば，アルプスやヒマラヤの山頂の澄みきった空気，深海，火山の火口周辺など，人々の生活環境とはほど遠いところであろうが，果たしてどうか．それでもやはりカビはいる．もちろん量的には少ないかもしれないが，カビはしっかり存在している．ただ，噴火している火山の火口や，精密機器や医薬品の製造施設，また免疫疾患にかかわる医療現場などには，カビはいない（というか，いてはならない）であろう．

　こうしてみると，カビのいない「通常の」生活環境はまずないといえる．むしろ，カビのいない生活環境で生活をした場合，かえってヒトの健康に問題が起きる可能性がある．それについては 9.5 節で説明する．

9.3 潔癖症候群

　日本人は汚れに対して敏感である．ちょっとした靴や衣料の汚れ，汚れものの洗濯，床に落ちた食品の汚れ，お風呂の汚れ，台所の汚れなど，生活をしていると「汚れる」場面は日常的にみられる．公衆の場所やバス・電車の吊り革，硬貨もすべて汚れているという感覚である．確かに不特定多数の人が触れるものはどう汚れているかわからない．私たちはその汚れをいち早く落とすこと，消毒をすることに熱中する．近年の鳥インフルエンザウイルスの侵入に対する水際作戦においても，手の消毒，うがいの励行，マスクの使用など，日本人の徹底した衛生対策に外国人は感嘆したという．

　しかし，こうした衛生対策行為が度を過ぎると，不特定多数の人たちが触れるものに対して，きわめて特異的な行動に出る．つまり，身の回りにあるものに触れるたびに消毒を繰り返し，手指の「無菌化」をめざす．日本人に特異的な潔癖症候群である．それほど極端でなくても，高いレベルの清潔を求める国民のニーズは，さらに次節で述べる「抗菌」ビジネスの興隆をもたらした．

9.4 抗カビ商品

　前節で述べてきたような日本人の清潔感ムードを盛り上げるのが，いわゆる「抗菌グッズ」である．このことばが使われ始めたのは，今からおよそ20～30年前頃であろうか．抗菌グッズのはしりは，抗菌靴下，抗菌シャツであり，その後抗菌キッチン用品や抗菌文具も現れた．

　抗菌靴下はそもそも，靴の蒸れからくる臭気をどうしたら取り除けるか，という視点から発想された．臭気の原因は微生物であり，その菌をやっつければ臭いも解決する，といった論理である．やがてカビもターゲットになり，あたかも水虫菌もやっつけるかのような宣伝をする企業も現れた．水虫が治るかのような広告は，薬事法に抵触する．繊維メーカーではそれは重々承知しているはずだが，消費者の目線は異なる．消費者は暗示にかかったかのように水虫も治ると思い込み，抗菌靴下を履く．しかし水虫が治るわけではない．

　台所や浴室用品の場合でも，「抗カビ」と謳われれば，どうしても効果を期待してしまうだろう．また，勝手にイメージを膨らませて，抗カビ用品に触れたカ

ビはすべて死滅し，常に無菌状態と思ってしまうかもしれない．しかし，それは幻想であり，実際にはそのような顕著な効果は得られない．こういった抗カビ商品は今でも日本中で横行している．

　消費者は，抗カビ商品を見たときそれが日常的な範囲で本当に有用であるかどうかを判断する知識が必要になる．

9.5　カビとの共生が大切なわけ

　さて，カビとの戦いはさまざまである．もちろんカビは生活環境で普遍的に存在する．そのカビが異常に多い生活環境では健康面になにがしかの危害を及ぼしかねない．掃除機の排気を吸うと気分が悪くなるが，それもそのはず掃除機のほこり1gには数十万から数百万個のカビ胞子がいる．そのほこりを習慣的にでも突発的にでも吸い込めば，やはり生体の反応，とりわけ免疫機能の異常（アレルギー）が起こる可能性がある（6.2.1項参照）．カビが多量に発生した場所での生活も同じである．結露や壁にカビが発生した部屋での生活は，カビの胞子に常に曝露された状態である．

　カビを異物とする考えは食品分野にある．人間の栄養分を含み生活の糧となる食品本体とは異質な，余計なものであるという発想である．実際には，食品中に多少のカビが含まれることは避けられず，そのまま食してもあまり問題にならない．しかし量的に多いとやはり問題となる．異物は消化されないまま消化器からそのまま排泄されるが，カビの生えた部分に変質があったり臭気が含まれると，

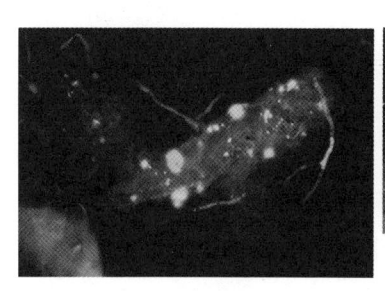

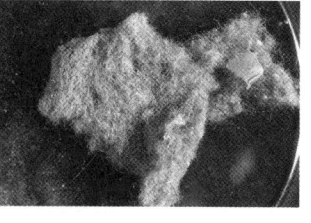

図9.4　ほこりに付着するカビ
左：糸状のカビは生きているが，点状のカビは生きているものと死滅しているものが混在している．
右：掃除機から回収したほこり．ほこりは繊維，食べかす，あか，土などとダニやカビなどの生物が混ざったもの．

異常な生体反応が起こる可能性がある．

　それではカビのまったくいない環境やものに囲まれて生活した方が良いのであろうか．実は，カビのいない環境下で長く生活すると，逆に免疫異常を引き起こしやすく，かえってアレルギー体質になりやすいといわれている．また，潔癖症候群のように本来の生体ではありえないような状況を作り出すほどに，抵抗力もなくなりやすい．身体も周辺の環境も，完全な無カビ状態では健康を維持する機能が低下していく．

　身体には常在微生物がおり，その中にはカビも含まれている．生活環境でも普遍的にカビが生息し，その中で人は生活をしている．少なくともカビがほどほどにいて，それを生体に受け入れ免疫機能を安定させていく姿が望ましい．つまり人の健康維持には，異常に多くもなく，またまったくいないでもない，ほどほどの案配でカビと共生することが必要である．こうしたカビを含めた生き物に囲まれて生活しているからこそ健康であることを，あらためて感じてほしい．

〔高鳥浩介・森山康司〕

> ### Column 13　カビ相談
>
> 「幼児がカビの生えた食品を口にした」「食べたらカビ臭かった」「お土産を開けたらカビだらけ」….かつて，このようなカビ相談は食品関連の案件が多く，相談先は保健所，というのが一般的だった．しかし次第に住環境関連など食品以外の分野の相談件数も多くなり，保健所だけでは対応が難しくなった．現在その対応先は，工業試験所や自治体の消費生活センター，さらに国民生活センター，食品安全委員会，消費者庁などにまで広がっている．
>
> 相談内容も多岐にわたる．家庭の衣食住や健康の問題だけに限らず，公衆衛生や広域の環境問題，カビに関連した技術や研究開発の相談など，さまざまである．その対象や傾向から，都市型カビ相談，年齢型カビ相談，企業型カビ相談，行政型カビ相談などといったカテゴリに分けることもできるかもしれない．家庭の問題に絞っても，"衣"ではしまっておいた衣類のカビ発生と除去，"食"ではカビ汚染と有害性，"住"では浴室のカビ対策，部屋のカビ臭，結露のカビ対策等，健康ではアレルギー，カビ毒，…といったように，あらゆる生活の場面で問題が発生している．また，近年では住宅の気密化・断熱化により，梅雨時だけでなく1年を通してカビの相談が寄せられるようになってきている．
>
> ところでこうした相談を受けて困るのは，それに答える際，ある程度カビに関する科学的な知識が必要な場合が多いが，それをしばしばうまく相談者の方に伝えられないことである．そのため，相談者が誤解したまま理解したと思い込んでしまうケースが少なくないように思われる．われわれ専門家の力不足ともいえるが，本書の解説がそうしたギャップを少しでも解消する助けになればと願っている．

Column 14（番外編）　浴室のカビ退治—シャワーは 50℃・5 秒で！—

　カビ退治は大変だなぁ，と思っている方が大勢いる．しかも浴室はカビだらけと感じる読者もいるだろう．本書「第 7 章カビを防ぐ」（p.109～128）でカビ制御をまとめている．確かに 60℃以上の高温にするとカビは死滅することも述べている．ところが，である．家庭でしかもカビの発生しやすい浴室でもっと具体的なカビ退治ができないだろうかといった相談は絶え間ない．そこで「もっと具体的なカビ退治法がないだろうか」を考えることにした．ちょうどそのとき NHK の科学番組担当デイレクターが「浴室のカビ退治」をテーマに協力してほしいと相談にみえた．

　ここから，生活科学者としての活動が始まった．今までも「カビ退治はこうしては」と，もっともらしく？　お話しし番組担当者を納得させてきたが，改めて「だけどそのカビ退治って誰もが簡単にできるの？」ということに気がついたのである．もっとシンプルで誰でもできそうなことを考えることにした．その挑戦が始まってしばらくして「カビを生えさせないことが重要だから，完全でなくとも死滅させることができれば，あとは生活習慣で継続すればよいのでは」と柔らかく考えることにした．ちなみに浴室なので高熱はだめ，強い薬剤は操作が面倒，換気量は各家庭で異なる，乾燥は言うは易く行うは難しで皆さんどこまでできるかとなると…3 日坊主になりかねない．そこで浴室ではシャワーを使うことに閃き，このシャワーで何かできないだろうかという試行錯誤が始まった．あまり頭を固くせず，湯温度 40℃からやや熱い 55℃まで 2～3℃刻みで実験を繰り返してみた．

　そうして遂に，火傷はしない程度の湯温度＝50℃のシャワーをあてると 5 秒で表面のカビは死滅，90 秒で内部に侵入したカビも死滅することがわかった．驚いた！　浴室のカビの多くはクロカビ（クラドスポリウム）である．またそれ以外にみるカビはほとんどクロカビと性質が同じで湯には弱いこともわかった．50℃・90 秒はクロカビが内部に生えたと想定した場合である．皆さんは内部にふか～く入り込むと思うだろうが，それは誤解だ．せいぜい 0.3 mm くらいまでしか入ることができない．1 mm もいかない．そこであえて 1 mm まで 50℃の湯が浸透する時間を測定した．それが 90 秒である．

　というわけで，浴室のカビ退治はカビの生えたところは湯シャワー 50℃・90 秒あて，その後は 1 週間程度の間隔で 50℃・5 秒シャワーしましょうとなった．

　こうして浴室のかび退治は「シャワー 50℃・90 秒，その後 1 週間ごとに 50℃・5 秒」が生まれた．

付録：カビの名称リスト

※学名の読み方（カナ表記）については公式に認められた規則のようなものはなく，研究者や文献によりさまざまな発音・表記がなされている．このリストでは，本書中で用いられているカビのカタカナ名称・俗名と学名との対照を示す．本リストの元表は，NPO法人カビ相談センター会誌『かびと生活』1巻1号（2008年刊），pp.25-28に掲載の「カビの名称リスト」をもとに同誌編集部が監修したものである（最終改訂2012年6月26日；本書への採録にあたり，若干の修正を施した）．

	学 名	カタカナ表記	俗 名
A	*Absidia*	アブシジア	ユミケカビ
	Absidia corymbifera	アブシジア・コリンビフェラ	
	Acremonium	アクレモニウム	
	Alternaria	アルタナリア	ススカビ
	Alternaria alternata	アルタナリア・アルタナタ	
	Arthrinium	アースリニウム	アースリナム菌
	Ascosphaera	アスコスフェラ	ハチノスカビ
	Ascosphaera apis	アスコスフェラ・アピス	ハチノスカビ
	Aspergillus	アスペルギルス	コウジカビ
	Aspergillus candidus	アスペルギルス・キャンディダス	
	Aspergillus clavatus	アスペルギルス・クラバタス	
	Aspergillus flavus	アスペルギルス・フラブス	フラブスコウジカビ，キイロカビ
	Aspergillus fumigatus	アスペルギルス・フミガタス	
	Aspergillus nidulans	アスペルギルス・ニジュランス	
	Aspergillus niger	アスペルギルス・ニガー	クロコウジカビ
	Aspergillus ochraceus	アスペルギルス・オクラセウス	
	Aspergillus oryzae	アスペルギルス・オリゼ	麹 菌
	Aspergillus parasiticus	アスペルギルス・パラジティクス	
	Aspergillus penicillioides	アスペルギルス・ペニシリオイデス	
	Aspergillus restrictus	アスペルギルス・レストリクタス	
	Aspergillus tamarii	アスペルギルス・タマリ	
	Aspergillus terreus	アスペルギルス・テレウス	
	Aspergillus versicolor	アスペルギルス・バージカラー	
	Aureobasidium	アウレオバシジウム	黒色酵母様菌
	Aureobasidium pullulans	アウレオバシジウム・プルランス	
B	*Botrytis*	ボトリチス	ハイイロカビ
	Botrytis cinerea	ボトリチス・シネレア	灰色カビ病菌
	Byssochlamys	ビソクラミス	
C	*Candida*	カンジダ	
	Candida albicans	カンジダ・アルビカンス	
	Candida tropicalis	カンジダ・トロピカリス	
	Chaetomium	ケトミウム	ケタマカビ
	Chaetomium globosum	ケトミウム・グロボサム	
	Chrysosporium	クリソスポリウム	
	Cladosporium	クラドスポリウム	クロカビ
	Cladosporium cladosporioides	クラドスポリウム・クラドスポリオイデス	

	Cladosporium sphaerospermum	クラドスポリウム・スフェロスパーマム	
	Coccidioides	コクシジオイデス	
	Coccidioides immitis	コクシジオイデス・イミチス	
	Cryptococcus	クリプトコックス	
	Cryptococcus neoformans	クリプトコックス・ネオフォルマンス	
	Curvularia	カーブラリア	
D	*Doratomyces*	ドラトマイセス	
	Drechslera	ドレクスレラ	
E	*Emericella*	エメリセラ	
	Emericella nidulans	エメリセラ・ニジュランス	
	Epicoccum	エピコッカム	
	Epidermophyton	エピデルモフィートン	鼠蹊表皮菌
	Eupenicillium	ユーペニシリウム	
	Eurotium	ユーロチウム	カワキコウジカビ
	Eurotium amstelodami	ユーロチウム・アムステロダミ	
	Eurotium chevalieri	ユーロチウム・チェバリエリ	
	Eurotium herbariorum	ユーロチウム・ヘルバリオラム	
	Eurotium repens	ユーロチウム・レペンス	
	Eurotium rubrum	ユーロチウム・ルブラム	
	Eurotium tonophilum	ユーロチウム・トノフィルム	
	Exophiala	エクソフィアラ	
	Exophiala jeanselmei	エクソフィアラ・ジーンセルメイ	
F	*Fonsecaea*	フォンセケア	
	Fonsecaea pedrosoi	フォンセケア・ペドロソイ	
	Fusarium	フザリウム	アカカビ
	Fusarium graminearum	フザリウム・グラミネアラム	ムギ赤カビ病菌
	Fusarium moniliforme	フザリウム・モニリフォルメ	
	Fusarium oxysporum	フザリウム・オキシスポラム	
	Fusarium solani	フザリウム・ソラニ	
	Fusarium sporotrichioides	フザリウム・スポロトリキオイデス	
	Fusarium verticillioides	フザリウム・バーティシリオイデス	トウモロコシ赤カビ病菌
G	*Geotrichum*	ゲオトリクム	ミルク腐敗カビ
	Geotrichum candidum	ゲオトリクム・カンディダム	
	Gibberella	ジベレラ	
	Gibberella fujikuroi	ジベレラ・フジクロイ	イネばか苗病菌
	Gibberella zeae	ジベレラ・ゼアエ	ムギ赤カビ病菌
H	*Histoplasma*	ヒストプラズマ	
	Histoplasma capsulatum	ヒストプラズマ・カプスラーツム	
M	*Malassezia*	マラセチア	癜風菌
	Microsporum	ミクロスポラム	小胞子菌
	Microsporum canis	ミクロスポラム・カニス	イヌ小胞子菌
	Microsporum gypseum	ミクロスポラム・ギプセウム	石膏様小胞子菌
	Monascus	モナスカス	ベニコウジカビ（紅麹菌）
	Monascus ruber	モナスカス・ルーバー	
	Moniliella	モニリエラ	
	Mortierella	モルティエレラ	クサレケカビ
	Mucor	ムーコル	ケカビ

	Mucor hiemalis	ムーコル・ヒーマリス	
	Mucor racemosus	ムーコル・ラセモサス	
	Myrothecium	ミロテシウム	
N	*Neosartorya*	ネオサルトリア	
	Neurospora	ニューロスポラ	アカパンカビ
	Neurospora crassa	ニューロスポラ・クラッサ	
	Nigrospora	ニグロスポラ	
P	*Paecilomyces*	ペシロマイセス	
	Paecilomyces lilacinus	ペシロマイセス・リラシナス	
	Paecilomyces variotii	ペシロマイセス・バリオッティ	
	Penicillium	ペニシリウム	アオカビ
	Penicillium brevicompactum	ペニシリウム・ブレビコンパクタム	
	Penicillium camemberti	ペニシリウム・カメンベルティ	
	Penicillium chrysogenum	ペニシリウム・クリソゲナム	
	Penicillium citrinum	ペニシリウム・シトリナム	シトリナム黄変米菌
	Penicillium commune	ペニシリウム・コンミューン	
	Penicillium digitatum	ペニシリウム・ジギタータム	
	Penicillium expansum	ペニシリウム・エクスパンザム	リンゴ青カビ病菌
	Penicillium islandicum	ペニシリウム・イスランジカム	イスランジア黄変米菌
	Penicillium patulum	ペニシリウム・パツラム	
	Penicillium pinophilum	ペニシリウム・ピノフィーラム	
	(旧名 *Penicillium funiculosum*)	(ペニシリウム・フニキュローサム)	
	Penicillium rugulosum	ペニシリウム・ルグロサム	
	Penicillium roqueforti	ペニシリウム・ロックェフォルティ	
	Penicillium verrucosum	ペニシリウム・ベルコサム	
	Pestalotiopsis	ペスタロチオプシス	
	Phialophora	フィアロフォーラ	
	Phoma	フォーマ	
	Phomopsis	フォモプシス	
	Phycomyces	フィコマイセス	ヒゲカビ
	Phytophthora	フィトフィトラ	疫病菌
	Pichia	ピチア	
	Pichia anomala	ピチア・アノマーラ	
	Pseudallescheria	シュードアレシェリア	
R	*Rhizopus*	リゾプス	クモノスカビ
	Rhizopus stolonifer	リゾプス・ストロニファー	
	Rhodotorula	ロドトルラ	
	Rhodotorula rubra	ロドトルラ・ルブラ	赤色酵母
S	*Saccharomyces*	サッカロマイセス	
	Saccharomyces cerevisiae	サッカロマイセス・セレビシエ	パン酵母,ワイン酵母
	Scopulariopsis	スコプラリオプシス	
	Sepedonium	セペドニウム	
	Sporothrix	スポロスリックス	
	Sporothrix schenckii	スポロスリックス・シェンキー	
	Stachybotrys	スタキボトリス	
	Stachybotrys chartarum	スタキボトリス・チャタラム	
	Syncephalastrum	シンセファラストラム	ハリサシカビモドキ

T	*Talaromyces*	タラロマイセス	
	Thamnidium	タムニジウム	エダカビ
	Torula	トルラ	
	Torulopsis	トルロプシス	
	Trichoderma	トリコデルマ	ツチアオカビ
	Trichoderma viride	トリコデルマ・ビリデ	
	Trichophyton	トリコフィトン	白癬菌
	Trichophyton ajelloi	トリコフィトン・アジェロイ	
	Trichophyton mentagrophytes	トリコフィトン・メンタグロフィテス	毛瘡菌
	Trichophyton rubrum	トリコフィトン・ルブルム	猩紅色菌
	Trichophyton verrucosum	トリコフィトン・ベルコーサム	牛白癬菌
	Trichosporon	トリコスポロン	
	Trichosporon asahii	トリコスポロン・アサヒ	
	Trichothecium	トリコテシウム	
	Trichothecium roseum	トリコテシウム・ロゼウム	ばら色カビ病菌
U	*Ulocladium*	ウロクラジウム	
W	*Wallemia*	ワレミア	アズキイロカビ
	Wallemia sebi	ワレミア・セビ	
X	*Xeromyces*	キセロマイセス	
Z	*Zygosaccharomyces*	ザイゴサッカロマイセス	

索引

ア行

アウレオバシジウム 28,47
　——・プルランス 30,129,138
アオカビ 5,8,12,34,43,45,62,130,132
アカカビ 35,43,62
アクレモニウム 30,62,132
足白癬 86
アシュビア 134
アズキイロカビ 45,62
アスペルギルス 2,8,17,23,33,43,45,62,78,80,130
　——・ウェスタディキア 28
　——・オクラセウス 27,28,34,101
　——・オリゼ 13,33,132,134,136,137
　——・カルボナリウス 27,34
　——・サーカムダチ節 27
　——・ステイニ 28
　——・ソーヤ 33
　——・タマリ 134
　——・テレウス 91,133,134
　——・ニガー 5,6,17,34,90,132,137
　——・ニグリ節 27
　——・ニジュランス 90
　——・ノミウス 27,33
　——・バージカラー 28,30,34
　——・パラジティクス 27,29,33
　——・フミガタス 90
　——・フラビ節 33
　——・フラブス 27,28,29,33,90,100
　——・レストリクタス 28,31,77
アスペルギルス症 87,90
アースリニウム（アースリナム）28,62
アゾール系抗真菌剤 95
アトピー型喘息 78
アトピー性反応 76
アトピー性皮膚炎 76,81,133
アブシジア 61
　——・コリンビフェラ 93
アブシジン酸 134
アフラトキシン 27,29,33,99,100,107
アミロマイセス 24
アラキドン酸 131
アルコール系消毒剤 117,122,124
アルタナリア 2,20,43,44,62,78,79,81
　——・アルタナタ 26
アルデヒド系消毒剤 117
アレウロ型分生子 13
アレルギー 75
アレルギー性気管支肺アスペルギルス症 76,80
アレルギー性気管支肺真菌症 80
アレルギー性真菌性副鼻腔炎 76,81
アレルギー性鼻炎 76,77,81
アレルゲン 76
安息香酸 120

イソチアゾロン系薬剤 116
イソプロパノール 117
I型アレルギー反応 76
イチゴ灰色カビ病 20
イネばか苗病菌 20,35
衣類のカビ 55,61

ウェットクリーニング 59
ウロクラジウム 20,62

エアコン 51

エイコサペンタエン酸 131
エクソフィアラ 62
エタノール 117,122,124
エチレンオキシド 116
エピコッカム 62
エメリセラ 27,62
エレモテシウム 134
塩化ベンザルコニウム 118
塩素化アニソール 68
塩素系消毒剤 117
エントモフトラ症 92

黄変米事件 28,32,34
黄変米毒 106
大型分生子 35
オキシドール 117
オクラトキシン 27,34,35,99,101
オゾン 116

カ行

界面活性剤系消毒剤 118
化学繊維 55
核菌類 10
過酢酸 117
過酸化水素 117
過酸化水素プラズマ 116
加湿器 52
かつお節 6,8,130,138
かつお節コウジカビ 6,8,138
カニングハメラ・ベルトレチアエ 93
加熱処理 110
カビアレルギー 75
カビ臭 66
カビ対策 123
カビ毒 31,98
カビ毒産生菌 31
カビの色（色素） 8,65
カビの汚染 3
カビの語源 7
カビの紫外線耐性 114

索引

カビの臭気成分 71
カビの寿命 5
カビの発育温度 23
カビの付着 2
カビの分類 9
カビ胞子の熱抵抗性 111
カビ米 28
過敏性肺炎 83
カーブラリア 27,62,81
カマンベールチーズ 6,8,130,137
カワキコウジカビ 5,43,45,61,62,130,138
柑橘腐敗病 20
柑橘類の汚染カビ 25
カンジダ 77,78,81,88
　　——・アルビカンス 77,91
カンジダ血流感染症 87
カンジダ症 87,91
甘薯黒斑病菌 28
肝臓がん 101
ガンマ線 115

キイロカビ 100
キカビ 8
気管支喘息 76,78
基質菌糸 4
気生菌糸 4
キセロマイセス 22
　　——・バイオポルス 31
絹糸 56
きのこ 9,12
貴腐ワイン 8,27
キャンディン系抗真菌剤 95
急性毒性 98
強酸性電解水 117
菌球型肺アスペルギルス症 87,91
菌糸 2,9
銀置換ゼオライト 116
菌類 9

空気清浄器 125
空気中のカビ 48,54
クエン酸 6,17,132
クモノスカビ 43
クラドスポリウム 5,13,17,43,44,49,62,78
　　——・カリオニイ 90
　　——・クラドスポリオイデス

30
　　——・ヘルバラム 26
グリセオフルビン 6
クリソスポリウム 31
　　——・ファーニコラ 31
クリーニング 58
クリプトコックス 87,92
　　——・ガッティ 92
　　——・ネオフォルマンス 92
グルコン酸 7,133
クロエケラ・アピキュラタ 27
クロカビ 5,13,43,44,62
黒麹 8
クロコウジカビ 5,17,27,132,137
黒酢 132
クロモミコーシス 87,89
クロルヘキシジングルコン酸塩 118

ゲオトリクム 26,62
　　——・カンディダム 26
ケカビ 10,15,62
ケタマカビ 43,62
潔癖症候群 140
結露とカビ 47
ケトミウム 43,62
健康食品 131

好塩性カビ 31
高（好）温性カビ 16,23
抗カビ剤 118
抗カビ商品 140
抗カビ法 110
好乾性カビ 22,31,62,77,113
工業用防カビ剤 116
麹 130
コウジカビ 2,5,8,13,33,43,45,62,130
麹菌 132,137
コウジ酸 134
好湿性カビ 5,22,62,113
抗真菌剤 95,119
好浸透圧性酵母 31
抗生物質 6
酵素製剤 134
高電圧パルス処理 115
好糖性カビ 31
高度不飽和脂肪酸 131
酵母 2,6,9,24

厚膜化 4
小型分生子 35
コクシジオイデス 93
　　——・イミチス 93
　　——・ポサダシ 93
黒色酵母様菌 47,138
黒色真菌感染症 89
コーデックス基準値 107
小麦粉の汚染カビ 30
コムギの汚染カビ 29
コメの汚染カビ 28
コレステロール低下薬 133
コロニー 2
根圏微生物 15
コンポスト 23

サ　行

ザイゴサッカロマイセス 24,31
酒 6,130,137
サーコスポラ・ロジコーラ 134
殺カビ剤 116
殺カビ法 110
サッカロマイセス 24
殺菌剤 116
サプリメント 131
サーモマイセス・ラヌギノサス 23
サラミソーセージ 6,34
酸化剤系消毒剤 117
酸化チタン 120

次亜塩素酸ナトリウム 117
ジアセトキシスシルペノール 103
ジェオスミン 68
紫外線 113,123
シクロクロロチン 107
シクロスポリン 133
シクロピアゾン酸 30
糸状菌 7
シックハウス症候群 83
室内環境のカビ 43
シトリナム黄変米菌 106
シトリニン 26,27,35,106,108
子のう 10
子のう果 11
子のう菌類 10

索　引

子のう胞子　11
ジベレラ　134
　　　——・ゼアエ　36
　　　——・モニリフォルミス　36
ジベレリン　7,134
ジホモ-γ-リノレン酸　131
ジャガイモ疫病菌　20
住環境のカビ　42
自由水　16,22,112
従属栄養生物　14
出芽型分生子　13
焼酎　8,130,137
消毒剤　117
醤油　6,130,137
食中毒　37,98
食品汚染カビ　21
食品苦情　37
植物病原菌　20
シロカビ　8
白麹　8
真菌感染症　86
真菌叢　25
真菌類　9
深在性真菌症　87,90
深在性皮膚真菌症　89
人獣共通感染症　52,87
侵襲性肺アスペルギルス症　91
腎臓がん　102
人体内常在真菌　76
深部皮膚真菌症　86
シンポジオ型分生子　13

水分活性　16,21,112
スクリーンフィルター　115
スコプラリオプシス　62
ススカビ　2,43,44,62
ステムフィリウム　20
ステリグマトシスチン　30,34
ズーノーシス　52,87
スポトリコーシス　87,89
スポロスリックス・シェンキー　89
スライムコントロール剤　118

ゼアラレノン　36,99,107
聖アンソニーの火　32
静カビ法　110
生菌数　85
生存直線　110
生物由来揮発性有機化合物

66,84
生分解性プラスチック　135
接合菌綱　10
接合菌症　87,92
接合胞子　10
z 値　111
セファロスポリウム　132
セファロスポリン　132
セフェム系抗生物質　132
セラトシスチス・フィムブリアタ　28
セルラーゼ　134
セルロース　135
線菌目　12
全ゲノム解析　136
喘息　78
洗濯機　51
双環性モノテルペン　70
藻菌類　10
掃除機　125
相対湿度　113
ソルビン酸カリウム　119

タ　行

耐乾性カビ　5,22,62,113
耐熱性カビ　26,39,111
耐熱性酵母　26
タカジアスターゼ　7,134
ダスト中のカビ　49
脱酸素剤　119,125
建物とカビ　50
種麹　130
タムニジウム　23,30
タラロマイセス　39,111
　　　——・フラバス　135
単環式モノテルペン　69
担子菌類　12,118

チーズ　6,8,29,34,130,137
超高圧処理　115
頂のう　33
貯蔵カビ　21

通性好気性菌　24
ツチアオカビ　43,62,134

低温処理　115
D 値　111

T-2 トキシン　36,99,103
デオキシニバレノール　29,36,99,103,108
デヒドロ酢酸ナトリウム　120
デプスフィルター　115
テレオモルフ　33
電化製品とカビ　51
天然繊維　55
天然保存料　120
癜風　87,89

豆腐よう　8
トウモロコシ赤カビ病菌　105
独立栄養生物　14
ドコサヘキサエン酸　131
ドライクリーニング　58
トリアジン系殺菌・殺カビ剤　116
トリコスポロン　76,83
トリコテシウム　62
　　　——・ロゼウム　26
トリコテシン　26
トリコテセン系カビ毒　99,102
トリコデルマ　22,43,62,135
　　　——・アトロビリデ　135
　　　——・ビリデ　134
　　　——・リーセイ　134
トリコフィトン　77
　　　——・ベルコサム　88
　　　——・メンタグロフィテス　87
　　　——・ルブルム　87
ドリポア構造　10
トリポクラジウム　133
ドレクスレラ　20,62

ナ　行

内分泌攪乱物質　107
ナイロン　58
夏型過敏性肺炎　76,83
2-メチルイソボルネオール　68
ニグロスポラ　62
二酸化塩素　117
日光　123
ニバレノール　29,36,99,103

ネオサルトリア　39,62,111
ネオソラニオール　103

熱耐性曲線 111
熱破壊曲線 111
粘膜常在菌 81

農夫肺 83

ハ 行

ハイイロカビ 8
灰色カビ病菌 8,27
黴雨 7,47
バイオエタノール 135
肺クリプトコックス症 92
培地 15,21
麦角アルカロイド 32
麦角菌 31
白癬 86,87
バシペトスポーラ・ハロフィリカ 31
発がん性 98,101,104,106
発酵食品 6,24,130
発酵βグルカン 129
パツリン 26,35,99,104,108
パラオキシ安息香酸エステル 120
パラコクシジオイデス 94
　——・ブラジリエンシス 94
パラベン 120
盤菌類 10,12
盤子器 12

非アトピー型（内因型）喘息 76
光触媒 118,120
ビグアナイド系消毒剤 118
被子器 12
非侵襲性肺アスペルギルス症 91
ヒストプラズマ 94
　——・カプスラーツム 94
微生物製剤 135
ビソクラミス 26,39,62,111
ビタミンB_2 134
ピチア・アノマーラ 31
ピチロスポルム 81
皮膚カンジダ症 88
皮膚糸状菌症 53
皮膚常在菌 81
皮膚マラセチア症 86,89
表在性カンジダ症 86

表在性真菌症 86
病変米 28
日和見感染症 87,90,97

ファイトアレキシン 28
フィアライド 33
フィアロ型分生子 13
フィアロフォーラ・ベルコーサ 90
フィトフィトラ・インフェスタンス 20
フォーマ 28
フォンセケア・コンパクタ 89
フォンセケア・ペドロソイ 89
不完全菌類 10,12
不完全糸状菌綱 12
フザリウム 20,35,43,62,102,105,107
　——・カルモラム 29
　——・グラミネアラム 20,29,36,103
　——・クロックウェレンス 29
　——・スポロトリキオイデス 36
　——・ソラニ 28
　——・バーティシリオイデス 36,105
　——・フジクロイ 20,35
　——・ポアエ 29
フザリウム毒素 102
フザレノンX 103
不整子のう菌類 10
フッ化ピリミジン系抗真菌剤 96
腐敗 64
フマル酸 133
フモニシン 27,34,36,99,105,108
ブラストミセス 94
　——・デルマチチジス 94
ブルーチーズ 8,130,137
プロパノール 122
プロピオン酸 120
分解者 14
分生子 12,33,35
分生子殻 12
分生子果不完全菌綱 12
分生子座菌目 12
分生子柄 12,33

分生子柄束菌目 12
分生胞子層 12

平衡相対湿度 113
閉子器 11
ペクチナーゼ 134
ペシロマイセス 62
ペットとカビ 52
ベニコウジカビ 8,132
紅麹菌 132
ベニコウジ色素 106
ペニシリ 34
ペニシリウム 5,6,8,12,17,23,34,43,45,62,78,130,132,137
　——・イスランジカム 28,34,107
　——・イタリカム 20,25
　——・ウライエンス 25
　——・エクスパンザム 17,20,26,35
　——・エクスパンサム 104
　——・カーネウム 31
　——・カメンベルティ 30,34
　——・クルストサム 26
　——・コンミューン 29
　——・ジギタータム 20,25,35
　——・シトリナム 27,34,106
　——・シトレオニグラム 34
　——・ソリタム 26
　——・ディスカラー 29
　——・ナルギオベンス 29,34
　——・パツラム 104
　——・パネウム 31
　——・ヒルスタム 30
　——・ベルコサム 29,35
　——・マルネッフェイ 94
　——・ロックェフォルティ 29
ペニシリン 6,132
pH 22
HEPAフィルター 116
ヘミセルロース 135
ベンズイミダゾール誘導体 116
偏性好気性菌 24

索　引

変敗　64
鞭毛菌綱　10

胞子　2,10
放射線　114
圃場カビ　20
保存料　119
ボトリチス　20
　　──・シネレア　8,27,134
ポビドンヨード　117
ボーベリア・バシアーナ　135
ボーベリア・ブロンニアティ　135
ポリエステル　58
ポリエンマクロライド系抗真菌剤　95
ボロ型分生子　13

マ　行

マラセチア　76,81
　　──・グロボーサ　89
マラセチア毛包炎　89
マルネッフェイ型ペニシリウム症　94
慢性壊死性肺アスペルギルス症　91

ミクロスポラム・カニス　88
ミズカビ　10
水虫　86
味噌　6,130,137
ミゾリビン　133
みりん　130

ミルク腐敗カビ　62
ミロテシウム　62

ムギ赤カビ病菌　20,35,103
無菌化　110
ムーコル　15,22,61,131
ムーコル症　92
無性胞子　12

滅菌　110
メトレ　33
メバスタチン　133
メバロチン　133
メバロン酸回路　68
免疫グロブリン　76
免疫毒性　104
免疫抑制薬　133

モナスカシン　8
モナスカス　106
木綿　56
モルティエレラ　131

ヤ　行

有性生殖　10
有性世代　33
輸入真菌症　93,97
ユーペニシリウム　39,133
ユミケカビ　61
ユーロチウム　5,43,45,61,62,77,130,138
　　──・レペンス　30

羊毛　56
浴室のカビ　46

ラ　行

ライムギ　31
裸子器　12
ラッカセイの汚染カビ　29
卵胞子　10

リゾクトニア　22
リゾプス　24,43,133
　　──・オリゼ　93
　　──・ミクロスポルム　93
リノクラディエラ・アクアスペルサ　90
リボフラビン　134
リンゴ青カビ病菌　17,104
リンゴ腐敗病　20

ルテオスカイリン　107

冷蔵庫　52
レンズのカビ被害　18

ろ過　115
ロックフォールチーズ　6,130
ロバスタチン　132,133

ワ　行

ワレミア　22,45,62
　　──・セビ　31

編集者略歴

高鳥浩介（たかとり こうすけ）
1946 年　新潟県に生まれる
1972 年　東京農工大学大学院農学研究科修了
　　　　国立医薬品食品衛生研究所衛生微生物部部長を経て
現　在　NPO 法人 カビ相談センター理事長
　　　　東京農業大学客員教授　獣医学博士

久米田裕子（くめだ ゆうこ）
1956 年　大阪府に生まれる
1979 年　北海道大学獣医学部卒業
現　在　大阪府立公衆衛生研究所 感染症部細菌課課長
　　　　農学博士

カビのはなし
―ミクロな隣人のサイエンス―

定価はカバーに表示

2013 年 9 月 25 日　初版第 1 刷
2019 年 7 月 25 日　　　 第 4 刷

編集者　高　鳥　浩　介
　　　　久　米　田　裕　子
発行者　朝　倉　誠　造
発行所　株式会社　朝　倉　書　店
　　　　東京都新宿区新小川町 6-29
　　　　郵便番号　162-8707
　　　　電　話　03(3260)0141
　　　　FAX　03(3260)0180
　　　　http://www.asakura.co.jp

〈検印省略〉

© 2013 〈無断複写・転載を禁ず〉　　　Printed in Korea

ISBN 978-4-254-64042-7　C 3077

JCOPY ＜(社)出版者著作権管理機構 委託出版物＞

本書の無断複写は著作権法上での例外を除き禁じられています．複写される場合は，そのつど事前に，(社)出版者著作権管理機構（電話 03-3513-6969, FAX 03-3513-6979, e-mail: info@jcopy.or.jp）の許諾を得てください．

日本菌学会編

菌 類 の 事 典

17147-1 C3545　　B 5 判 736頁 本体23000円

菌類（キノコ，カビ，酵母，地衣類等）は生態系内で大きな役割を担う生物であり，その研究は生物学の発展に不可欠である。本書は基礎・応用分野から菌類にまつわる社会文化まで，菌類に関する幅広い分野を解説した初の総合事典。〔内容〕基礎編：系統・分類・生活史／細胞の構造と生長・分化／代謝／生長・形態形成と環境情報／ゲノム・遺伝子／生態，人間社会編：資源／利用（食品，産業，指標生物，モデル生物）／有害性（病気，劣化，物質）／文化（伝承・民話，食文化等）

法政大 島野智之・北海道教育大 高久 元編

ダ ニ の は な し
— 人間との関わり —

64043-4 C3077　　A 5 判 192頁 本体3000円

人間生活の周辺に常にいるにもかかわらず，多くの人が正しい知識を持たないままに暮らしているダニ。本書はダニにかかわる多方面の専門家が，正しい情報や知識をわかりやすく，かつある程度網羅的に解説したダニの入門書である。

農工大 瀬戸昌之著

環 境 微 生 物 学 入 門
— 人間を支えるミクロの生物 —

40016-8 C3061　　B 5 判 128頁 本体2800円

生態系における微生物の働きと人間活動との相互作用を，平易な言葉と深い内容でやさしく説いた著者入魂の教科書。〔内容〕微生物の基礎知識／微生物の喰う，喰われるの関係／バイオテクノロジーの光と影／人間存在を支える微生物の働き／他

日本放線菌学会編

放 線 菌 図 鑑 （普及版）

17154-9 C3645　　A 4 判 244頁 本体9800円

日常服用する抗生物質の70〜80％は放線菌から産生されている。本書は放線菌の多様な形態を日本だけでなく世界の第一線の研究者より提供された約450枚の電子顕微鏡写真で現している。巻末には系統樹，生産物の構造式などを掲載した

日本乳業技術協会 細野明義編

畜 産 食 品 微 生 物 学

43066-0 C3061　　A 5 判 192頁 本体3600円

微生物を用いた新しい技術の導入は，乳・肉・卵など畜産食品においても著しい。また有害微生物についても一層の対応が求められている。本書はこれら学問の進展を盛り込み，食品学を学ぶ学生・技術者を対象として平易に書かれた入門書

上田成子編　桑原祥浩・澤井 淳・岡崎貴世・
髙島浩介・髙橋淳子・髙橋正弘著

スタンダード人間栄養学 食品の安全性

61053-6 C3077　　B 5 判 164頁 本体2400円

食の安全性について，最新情報を記載し図表を多用した管理栄養士国家試験の新カリキュラム対応のテキスト。〔内容〕食品衛生と法規／食中毒／食品による感染症・寄生虫症／食品の変質／食品中の汚染物質／食品添加物／食品衛生管理／資料

ノートルダム清心女大 大鶴 勝編
テキスト食物と栄養科学シリーズ 4

食 品 加 工 ・ 安 全 ・ 衛 生

61644-6 C3377　　B 5 判 176頁 本体2800円

〔内容〕食品の規格／食料生産と栄養／食品流通・保存と栄養／食品衛生行政と法規／食中毒／食品による感染症・寄生虫症／食品中の汚染物質／食品の変質／食品添加物／食品の器具と容器包装／食品衛生管理／新しい食品の安全性問題／他

福岡県大 松浦賢長・東大 小林廉毅・杏林大 苅田香苗編

コンパクト 公 衆 衛 生 学 （第5版）

64041-0 C3077　　B 5 判 152頁 本体2900円

好評の第4版を改訂。公衆衛生学の要点を簡便かつもれなく解説。〔内容〕公衆衛生の課題／人口問題と出生・死亡／疫学／環境と健康／公衆栄養・食品保健／感染症／地域保健／母子保健／産業保健／精神保健福祉／成人保健／災害と健康／他

前岡山大 緒方正名編著

基礎衛生・公衆衛生学 （三訂版）

64034-2 C3077　　A 5 判 208頁 本体3200円

公衆衛生学の定番テキストとして好評の第2版を改訂。〔内容〕公衆衛生概論／人口・保健統計／疫学／感染症／母子保健／学校保健／生活習慣病／高齢者保健／精神保健／産業保健／環境保健／食品衛生／衛生行政・社会保障／保健医療福祉

上記価格（税別）は 2019年 6月現在